国家文化公园理论与实践丛书

国家文化公园
遗产可持续利用

冯 凌 等…著

U0323416

中国出版集团

研究出版社

图书在版编目 (CIP) 数据

国家文化公园遗产可持续利用 / 冯凌等著. –– 北京：
研究出版社，2024.2

ISBN 978–7–5199–1539–1

Ⅰ.①国… Ⅱ.①冯… Ⅲ.①国家公园 – 文化遗产 –
永续利用 – 研究 – 中国 Ⅳ.①S759.992

中国国家版本馆CIP数据核字(2023)第154189号

出 品 人：陈建军
出版统筹：丁　波
责任编辑：范存刚

国家文化公园遗产可持续利用

GUOJIA WENHUA GONGYUAN YICHAN KECHIXU LIYONG

冯凌 等　著

研究出版社 出版发行

（100006　北京市东城区灯市口大街100号华腾商务楼）

北京中科印刷有限公司印刷　新华书店经销

2024年3月第1版　2024年3月第1次印刷

开本：710毫米×1000毫米　1/16　印张：13.75

字数：207千字

ISBN 978–7–5199–1539–1　定价：68.00元

电话（010）64217619　64217652（发行部）

国家文化公园是我国文化建设的升级版，先进文化的新标杆。建设国家文化公园，对保护传承优秀文化、坚定大国文化自信和彰显中华优秀传统文化的持久影响力具有重大意义。国家文化公园的遗产保护利用，要在习近平总书记关于先进文化建设重要论述指导下，以党的十八大、十九大、二十大报告以及"十四五"规划中对我国社会主义文化建设等方面的文件精神为纲领，围绕文旅融合、以文塑旅、以旅传文主线，突出对重要文化遗产的动态保护、活态传承、创新传播和持续发展，利用文化教育、公共服务、旅游观光、休闲娱乐、科学研究功能，形成具有特定开放空间的公共文化载体，集中打造中华文化重要标志。

本书从国家文化公园遗产利用的基本现状、类型特点、经验借鉴、指导思想、主要模式、典型业态、经典案例、创新发展等核心问题入手，初步构建符合我国实际的国家文化公园遗产可持续利用框架。全书包括以下6章内容：第一章，国家文化公园遗产可持续利用的基本现状与类型特点；第二章，国家文化公园遗产可持续利用的问题与借鉴；第三章，国家文化公园遗产可持续利用的基本原则与战略路径；第四章，国家文化公园遗产活态保护与利用主要模式；第五章，国家文化公园遗产旅游化可持续利用的典型业态与经典案例；第六章，五大国家文化公园遗产可持续利用的模式创新。

本书是在北京第二外国语学院校领导和科研处的大力支持下，由旅游科学学院具体组织撰著。参与本书撰写的教师主要有吕宁、冯凌、唐承财、王金伟、秦静、王露、刘春等。在撰写过程中,我们征询了多位相关专家的意见,也参考和征引了许多专家、学者的相关著作和研究成果,在此表示衷心的感谢。研究出版社为本书出版付出了大量心血,在此也表示衷心的感谢。由于作者水平有限,书中存在不足之处在所难免,敬请各位专家和广大读者予以批评指正。

本书编写组

2023年3月于北二外

CONTENTS | 目录

第三章

国家文化公园遗产可持续利用的基本原则与战略路径 / 047

第四章

国家文化公园遗产活态保护与利用主要模式 / 061

第五章

国家文化公园遗产旅游化可持续利用的典型业态与经典案例 / 115

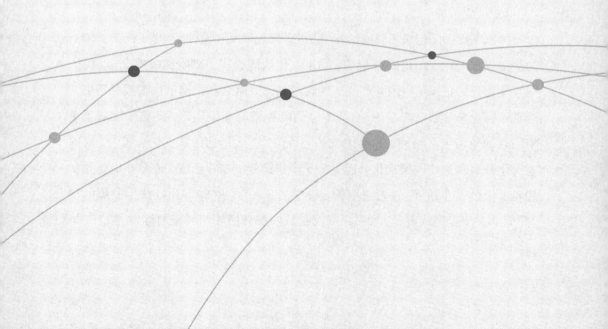

第一章

CHAPTER 1

国家文化公园遗产可持续利用的基本现状与类型特点

首先，我们对国家文化公园的基本情况进行详细概述，介绍国家文化公园的基本内涵、时代价值，并对当前国家文化公园的管理体制进行深入分析。其次，我们对国家文化公园遗产现状进行阐述，包括其资源分布情况、现存遗产类型，以及国家文化公园遗产在社会、文化、经济等各个方面的价值和效益。此外，本章还将分别论述长城、大运河、长征、黄河、长江国家文化公园发展的情况，以及未来可持续利用的发展举措。

第一节　我国国家文化公园遗产可持续利用的基本现状

一、国家文化公园概况

（一）国家文化公园的时代价值

国家文化公园具备显著的社会价值、经济价值、生态保护价值和文化传承价值。

1. 社会价值

国家文化公园记录了国家的发展历史，反映了民族精神，凸显了社会价值，为彰显民族身份、强化民族形象、促进文化认同提供了物质和精神支持。长征国家文化公园记录了中国共产党人为民族解放、建立新中国浴血奋战的历史，凝聚了信念坚定、艰苦奋斗、自强不息的民族精神和民族形象，集中展现了中华民族的爱国主义精神和社会主义核心价值观。大运河国家文化公园、黄河国家文化公园和长江国家文化公园见证了中华民族的奋斗历程，蕴含着华夏儿女迎难而上的奋斗精神、锐意进取的创新精神、人与自然和谐相处共生共赢的理念，是彰显华夏民族身份、增强民族文化认同感和民族归属感的标志。

2. 经济价值

《长城、大运河、长征国家文化公园建设方案》中将国家文化公园划分为管控保护区、主题展示区、文旅融合区、传统利用区四类主体功能区，其中主题展示区满足了大众参观游览的需求；文旅融合区为推动文旅示范区优质发展，促进文旅企业良性竞争提供了集中平台；传统利用区为传统生活生产区域合理保护传统文化生态，组织生产经营活动提供了发展保障。对该三类功能区的规划利用，有利于获得因发展文化、教育、旅游等产业而产生的直接经济收益，同时也有利于周边社区因扩大就业、延长相关产业链、改善生活质量等而获得间接经济收益。[1]

3. 生态保护价值

国家文化公园的文化资源具有非再生性，生态环境是文化遗产得以保存和传承的基础，建立国家文化公园有利于保护、恢复公园遗产周边环境，为国家文化公园遗产可持续开发和利用、开展科学研究提供保障。建立国家文化公园，严格落实"保护为主、抢救第一、合理利用、加强管理"的方针，在管控保护区实施严格保护，[2]有助于恢复公园周边动植物、水资源和地质遗迹等生态环境和历史风貌。

4. 文化传承价值

国家文化公园内的文化遗产反映了某一历史时期的自然生态、经济、政治、文化、科技、军事、社会生活等状况，蕴含了丰富的历史文化价值，其所展现的文化内涵，对现代文化思想的发展产生了显著影响，彰显了新时代中华民族高度的文化自觉和文化自信。从长城的修筑历程中，我们可以提炼出家国一体的爱国情怀、自强不屈的民族精神；在大运河的开凿、黄河的治理过程中，积淀出了中华民族迎难而上的奋斗精神、勇于探索的创新精神。

---

[1] 李树信：《国家文化公园的功能价值及实现途径》，《中国经贸导刊》2021年第3期，第152—155页。
[2] 中共中央办公厅、国务院办公厅：《长城、大运河、长征国家文化公园建设方案》，中华人民共和国中央人民政府网站，2019-07-24。

（二）国家文化公园的管理体制

1. 国家层面

《长城、大运河、长征国家文化公园建设方案》确立了"中央统筹、省负总责、分级管理、分段负责"的国家文化公园总体管理格局，形成了"领导小组—办公室—专班"的顶层设计。中央层面，在文化和旅游部设立国家文化公园建设工作领导小组办公室，同时在文化和旅游部设置国家文化公园工作专班，作为统筹、协调、推进国家文化公园建设的核心执行部门。

中共中央办公厅、国务院办公厅相继颁布《国家"十三五"时期文化发展改革规划纲要》《长城、大运河、长征国家文化公园建设方案》《中华人民共和国国民经济和社会发展第十四个五年规划和2035年远景目标纲要》，国家文化公园建设工作领导小组相继公布了《黄河国家文化公园建设实施方案》《长征国家文化公园建设实施方案》《大运河国家文化公园建设实施方案》《长城国家文化公园建设实施方案》《文化保护传承利用工程实施方案》等，全面勾勒了我国国家文化公园的建设目标、建设重点、空间格局、管理体制、发展规划等。

2. 地方层面

在国家文化公园的管理体制建设上，全国基本上初步形成了"中央—省（区、市）—市（县）"的分级管理体制，自上而下对国家文化公园的保护和利用进行全面管理。

省一级基本沿用了"领导小组+办公室"的管理架构，五大国家文化公园所涉及省（区、市）均已设立省级国家文化公园建设工作领导小组及办公室。如北京、河北、青海、浙江等各省（区、市）国家文化公园建设工作领导小组办公室相继发布了《大运河国家文化公园建设保护规划》，依据国家文化公园建设工作领导小组的要求，依托地方特点分段负责大运河沿线的长期规划、行动计划、实施体系等。

市（县）一级为建设实施的主体，通过多项目建设的方式予以推进。2022年4月，杭州市规划和自然资源局发布《杭州大运河国家文化公园规划》，形成了"山水群落、河岸双带、核心十园、特色百景"的杭州大运河国家文化公园结构，分区建设核心展示园。

在"领导小组+办公室"的基础上，各省（区、市）、市（县）另设立了专班，作为推进本区域国家文化公园统筹协调和建设工作的具体部门。[①]例如，秦皇岛市长城国家文化公园建设专班深入推进"三统筹三扩大四创建"活动；铜仁市长征国家文化公园建设领导小组和专班高效推进红色革命旧址修缮工程；呼和浩特市文化旅游广电局成立了13个重点工作专班，协调分工，加强黄河流域生态治理、遗址保护，为高效推进黄河国家文化公园建设发展提供了保障。

二、国家文化公园遗产现状

（一）国家文化公园资源分布

2021年3月，"十四五"规划纲要首次提出将黄河列入国家文化公园建设名录，构建了四大国家文化公园新布局。基于中共中央关于国家文化公园建设的要求，2022年1月，国家文化公园建设工作领导小组开始计划启动长江国家文化公园建设，形成了长城、大运河、长征、黄河、长江五大国家文化公园整体布局，分布在全国30个省（区、市）。

五个国家文化公园丰富的文化遗产可分为物质文化遗产与非物质文化遗产两大类。其中，物质文化遗产又分为不可移动遗产（如建筑群等）和可移动的遗产（如各种文物器具等）。根据以上分类体系，我们对国家文化公园范围内的代表性遗产进行分类分级统计，对文化遗产进行物质文化遗产与非物质文化遗产分类保护，对不同类型的非遗采取针对性的保护措施，有助于文化遗产集群保护，从而完成"保护好、传承好、利用好文化遗产"的核心任务，彰显文化感召力。

长城文化遗产资源呈线性分布，涉及15个省（区、市），404个县（市），总长度达2万多千米。大运河国家文化公园，包括8个省（区、市），由京杭大运河、隋唐大运河、浙东运河3部分构成。长征国家文化公园涉及15个省（区、市），以中

---

① 孙华：《国家文化公园初论——概念、类型、特征与建设》，《中国文化遗产》2021年第5期，第4—14页。

国工农红军第一方面军长征线路为主。[①]黄河国家文化公园涉及9个省（区），沿线大中小型城市60余个。长江国家文化公园遗产沿长江呈线性分布，涉及13个省（区、市），覆盖长江干流区域和长江经济带区域。

表1-1　国家文化公园代表性不可移动物质文化遗产分类统计表

国家文化公园	不可移动物质文化遗产分类	国家级重点文保单位数量（处）
长城国家文化公园	古遗址	802
	古墓葬	272
	古建筑	1161
	石窟寺及石刻	163
	近现代重要史迹及代表性建筑	383
	其他	66
	合计	2847
大运河国家文化公园	古遗址	466
	古墓葬	149
	古建筑	812
	石窟寺及石刻	123
	近现代重要史迹及代表性建筑	334
	其他	10
	合计	1894
长征国家文化公园	古遗址	582
	古墓葬	201
	古建筑	987
	石窟寺及石刻	191
	近现代重要史迹及代表性建筑	470
	革命遗址及革命纪念建筑物	48
	其他	12
	合计	2491

① 　中共中央办公厅、国务院办公厅：《长城、大运河、长征国家文化公园建设方案》，中华人民共和国中央人民政府网站，2019-07-24。

续表

国家文化公园	不可移动物质文化遗产分类	国家级重点文保单位数量（处）
黄河国家文化公园	石窟寺及石刻	101
	古建筑	632
	古遗址	557
	古墓葬	184
	近现代重要史迹及代表性建筑	138
	合计	1612
长江国家文化公园	古建筑	805
	近现代重要史迹及代表性建筑	444
	古遗址	342
	古墓葬	152
	石窟寺	118
	石刻	19
	历史纪念建筑物	75
	革命遗址及革命纪念建筑物	43
	其他	108
	合计	2106

注：数据来源于国家文物局官网。

长城国家文化公园沿线省市共有国家级重点文保单位2847处，其中古建筑数量最多，达到1161处。大运河国家文化公园沿线省市共有国家级重点文保单位1894处，其中古建筑数量最多，达到812处。长征国家文化公园沿线省市共有国家级重点文保单位2491处，其中古建筑数量最多，达到987处。黄河流域拥有国家级重点文保单位1612处，在国家级重点文保单位中，古建筑占比约39.2%。长江沿线省市共有国家级重点文物保护单位2106处，其中古建筑数量最多，达到805处，见表1-1。

表1-2 国家文化公园代表性非物质文化遗产分类统计表

国家文化公园	分类	级别	
		国家级（项）	省级（项）
长城国家文化公园	民间文学	121	535
	传统音乐	203	498
	传统舞蹈	122	621
	传统美术	173	713
	传统技艺	236	1706
	传统医药	76	295
	传统戏剧	199	402
	曲艺	108	291
	民俗	186	742
	传统体育、游艺与杂技	107	485
	合计	1531	6288
大运河国家文化公园	民间文学	91	423
	传统音乐	108	309
	传统舞蹈	81	496
	传统美术	148	489
	传统技艺	220	1226
	传统医药	54	201
	传统戏剧	179	369
	曲艺	81	247
	民俗	108	468
	传统体育、游艺与杂技	87	367
	合计	1157	4595
长征国家文化公园	民间文学	113	602
	传统音乐	211	899
	传统舞蹈	193	888
	传统美术	194	610
	传统技艺	265	2329
	传统医药	72	374

续表

国家文化公园	分类	级别	
		国家级（项）	省级（项）
长征国家文化公园	传统戏剧	233	526
	曲艺	82	271
	民俗	258	1453
	传统体育、游艺与杂技	49	390
	合计	1670	8342
黄河国家文化公园	民间文学	69	256
	传统音乐	107	242
	传统舞蹈	71	303
	传统戏剧	122	113
	曲艺	39	88
	传统体育、游艺与杂技	33	152
	传统美术	84	263
	传统技艺	115	636
	传统医药	28	105
	民俗	86	245
	合计	754	2403
长江国家文化公园	民间文学	125	417
	传统音乐	188	507
	传统舞蹈	190	642
	传统美术	193	299
	传统技艺	315	1322
	传统医药	82	210
	传统戏剧	216	327
	曲艺	92	232
	民俗	215	799
	传统体育、游艺与杂技	47	206
	合计	1663	4961

注：国家级非遗数据来源于中国非物质文化遗产网，省级非遗数据来源于各省文旅厅、文物局官网以及各省非遗官网。

　　长城沿线省市非物质文化遗产资源类型丰富多样，共有1531项国家级非物质文化遗产，6288项省级非物质文化遗产。大运河沿线省市非物质文化遗产资源类型多种多样，共有1157项国家级非物质文化遗产，4595项省级非物质文化遗产。长征沿线省市非物质文化遗产资源类型丰富多样，共有1670项国家级非物质文化遗产，8342项省级非物质文化遗产。黄河沿线省市非物质文化遗产资源类型丰富齐全，共有754项国家级非物质文化遗产，2403项省级非物质文化遗产。长江沿线省市非物质文化遗产资源类型丰富多样，共有1663项国家级非物质文化遗产，4961项省级非物质文化遗产，见表1–2。

表1–3　国家文化公园代表性不可移动物质文化遗产空间分布统计表

国家文化公园	地区	国家级重点文保单位数量（处）
长城国家文化公园	北京市	141
	天津市	34
	河北省	307
	山西省	539
	内蒙古自治区	153
	辽宁省	158
	吉林省	100
	黑龙江省	71
	山东省	236
	河南省	430
	陕西省	286
	甘肃省	162
	青海省	52
	宁夏回族自治区	38
	新疆维吾尔自治区	140
	合计	2847
大运河国家文化公园	北京市	141
	天津市	34
	河北省	307
	山东省	236
	江苏省	263

续表

国家文化公园	地区	国家级重点文保单位数量（处）
大运河国家文化公园	浙江省	303
	河南省	430
	安徽省	180
	合计	1894
长征国家文化公园	福建省	174
	江西省	163
	河南省	421
	湖北省	174
	湖南省	233
	广东省	134
	广西壮族自治区	83
	重庆市	62
	四川省	273
	贵州省	82
	云南省	171
	陕西省	276
	甘肃省	155
	青海省	52
	宁夏回族自治区	38
	合计	2491
黄河国家文化公园	青海省	32
	内蒙古自治区	126
	宁夏回族自治区	29
	甘肃省	121
	四川省	183
	陕西省	226
	山西省	374
	河南省	339
	山东省	182
	合计	1612

国家文化公园	地区	国家级重点文保单位数量（处）
长江国家文化公园	上海市	42
	江苏省	263
	浙江省	301
	安徽省	179
	江西省	190
	湖北省	177
	湖南省	234
	重庆市	64
	四川省	287
	贵州省	82
	云南省	170
	西藏自治区	70
	青海省	52
	合计	2111

注：国家级重点文保单位数据来源为国家文物局官网。

在长城沿线省市不可移动物质文化遗产中，国家级重点文物保护单位主要集中在山西省、河南省、河北省，其中山西省数量最多，达到539处。在大运河沿线省市不可移动物质文化遗产中，国家级重点文物保护单位主要集中在河南省、河北省、浙江省，其中河南省数量最多，达到430处。在长征沿线省市不可移动物质文化遗产中，国家级重点文物保护单位数量最多的为河南省，达到421处。在黄河沿线省市不可移动物质文化遗产中，国家级重点文物保护单位数量最多的为山西省，达到374处。在长江沿线省市不可移动物质文化遗产中，国家级重点文物保护单位主要集中在浙江省、江苏省、湖南省、四川省，其中浙江省数量最多，达到301处，见表1-3。

表1-4　国家文化公园各省（区、市）可移动文物数量统计表

国家文化公园	地区	数量/件
长城国家文化公园	北京市	11615758
	天津市	1775845
	河北省	1402448
	山西省	3220550
	内蒙古自治区	1506421
	辽宁省	1618095
	吉林省	981094
	黑龙江省	610353
	山东省	5580463
	河南省	4783457
	陕西省	7748750
	甘肃省	1958351
	青海省	312793
	宁夏回族自治区	276331
	新疆维吾尔自治区	616074
	总计	44006783
大运河国家文化公园	北京市	11615758
	天津市	1775845
	河北省	1402448
	山东省	5580463
	江苏省	2812571
	浙江省	2492661
	河南省	4783457
	安徽省	1158334
	合计	31621537
长征国家文化公园	福建省	769364
	江西省	641550
	河南省	4783457
	湖北省	2187192

国家文化公园	地区	数量/件
长征国家文化公园	湖南省	1817056
	广东省	1714122
	广西壮族自治区	961954
	重庆市	1482489
	四川省	2029342
	贵州省	398290
	云南省	784196
	陕西省	7748750
	甘肃省	1958351
	青海省	312793
	宁夏回族自治区	276331
	合计	27865237
黄河国家文化公园	青海	312793
	内蒙古	1506421
	宁夏	276331
	甘肃	1958351
	四川	1043384
	陕西	7748750
	山西	3220550
	河南	4783457
	山东	5580463
	合计	26430500
长江国家文化公园	江苏省	2812571
	浙江省	2492661
	湖北省	2187192
	四川省	2029342
	湖南省	1817056
	重庆市	1482489
	安徽省	1158334

续表

国家文化公园	地区	数量/件
长江国家文化公园	云南省	784196
	江西省	641550
	上海市	560063
	贵州省	398290
	青海省	312793
	西藏自治区	148355
	合计	16824892

注: 数据来源于国家文物局第一次全国可移动文物普查成果。

长城沿线省市可移动文物数量最多的五个省市分别是北京市、陕西省、山东省、河南省、山西省,以上五省(直辖市)合计约3295万件。大运河沿线省市可移动文物主要集中在北京市、山东省、河南省,其中北京市数量最多达到约1162万件,山东省约558万件,河南省约478万件。长征沿线省市可移动文物主要集中在陕西省和河南省,其中陕西省数量最多达到约775万件,河南省为478万余件,湖北省、湖南省、四川省、甘肃省数量分别在200万件左右。黄河沿线省市共有可移动文物2643万余件,其中陕西省数量最多达到约775万件。长江沿线省市共有可移动文物1682万余件,其中江苏省数量最多,达到约281万件,见表1-4。

表1-5　国家文化公园代表性非物质文化遗产空间分布统计表

国家文化公园	地区	级别	
		国家级(项)	省级(项)
长城国家文化公园	北京市	120	302
	天津市	47	251
	河北省	162	625
	山西省	182	606
	内蒙古自治区	106	277
	辽宁省	55	462
	吉林省	76	236

续表

国家文化公园	地区	级别	
		国家级（项）	省级（项）
长城国家文化公园	黑龙江省	42	421
	山东省	186	636
	河南省	125	718
	陕西省	91	597
	甘肃省	83	404
	青海省	88	326
	宁夏回族自治区	28	176
	新疆维吾尔自治区	140	251
	总计	1531	6288
大运河国家文化公园	北京市	120	302
	天津市	47	251
	河北省	162	625
	山东省	186	636
	江苏省	161	745
	浙江省	257	788
	河南省	125	718
	安徽省	99	530
	合计	1157	4595
长征国家文化公园	福建省	145	507
	江西省	88	470
	河南省	125	718
	湖北省	145	351
	湖南省	137	415
	广东省	165	676
	广西壮族自治区	70	896
	重庆市	53	708
	四川省	153	800
	贵州省	159	786
	云南省	140	512

续表

国家文化公园	地区	级别	
		国家级（项）	省级（项）
长征国家文化公园	陕西省	91	597
	甘肃省	83	404
	青海省	88	326
	宁夏回族自治区	28	176
	合计	1670	8342
黄河国家文化公园	青海省	75	142
	内蒙古自治区	47	25
	宁夏回族自治区	18	88
	甘肃省	68	244
	四川省	70	138
	陕西省	81	549
	山西省	156	535
	河南省	110	379
	山东省	129	313
	合计	754	2413
长江国家文化公园	上海市	76	0
	江苏省	161	744
	浙江省	257	812
	安徽省	99	530
	江西省	88	470
	湖北省	145	354
	湖南省	137	47
	重庆市	53	0
	四川省	153	800
	贵州省	159	598
	云南省	145	69
	西藏自治区	105	309
	青海省	94	309
	合计	1672	5042

注：国家级非遗数据来源于中国非物质文化遗产网，省级非遗数据来源于各省文旅厅、文物局官网以及各省非遗官网。

在长城沿线省市非物质文化遗产中，国家级非物质文化遗产主要集中在山东省、山西省、河北省，省级非物质文化遗产主要分布在河南省、山东省、河北省和山西省。在大运河沿线省市非物质文化遗产中，国家级非物质文化遗产主要集中在浙江省、山东省、江苏省，省级非物质文化遗产主要分布在浙江省、江苏省和河南省。黄河沿线省市非物质文化遗产在空间分布上呈现"东多西少"的态势，且均集中于黄河中下游的中原地区，其中，国家级非物质文化遗产集中在山西省、河南省、山东省，省级非物质文化遗产集中在陕西省、山西省、河南省、山东省。在长江沿线省市非物质文化遗产中，国家级非物质文化遗产主要集中在浙江省、江苏省、贵州省、湖北省和云南省，省级非物质文化遗产主要分布在浙江省、四川省、江苏省和贵州省，见表1-5。

（二）国家文化公园价值评估

我国国家文化公园的价值评估可以从使用价值和非使用价值两方面进行。首先，国家文化公园的使用价值主要通过满足市场需求和商业价值开发来表现。国家文化公园能够满足人们精神生活的需求，符合社会消费需求的特点。主题展示区、文旅融合区、传统利用区这三大功能区可以使国家文化公园的使用价值充分展现出来，帮助当地人们就业、改善生活质量、促进企业发展。其次，国家文化公园的非使用价值主要表现为其精神内涵以及文化价值。国家文化公园依托中国的文化积淀，表现了中国人民努力奋斗的拼搏精神，是中国国家形象的象征。[①]长城凝结了中华民族奋发图强的奋斗精神和对国家的热爱。大运河是我国古代人民留下的宝贵遗产，包含着古代人的智慧，展现了中华民族的风采。长征是中国共产党从挫折走向胜利的重要转折点，体现了中国共产党为中华民族的复兴而奋斗的精神。黄河是我国的母亲河，孕育着中华文明独一无二的文化精髓。长江是中国第一大河流，丰富了中华文明的文化多样性。

---

① 孙华：《国家文化公园初论——概念、类型、特征与建设》，《中国文化遗产》2021年第5期，第4—14页。

三、国家文化公园遗产可持续利用的基本现状

（一）开发现状

长城是我国现存规模最大的文化遗产,成为中华文明的重要象征。地方层面上,北京编制了《长城国家文化公园(北京段)建设保护规划》,结合北京长城的特征和空间分布特点,明确了长城国家文化公园空间布局。《河北省长城保护条例》于2021年6月1日起施行,有效推进了长城国家文化公园(河北段)建设,并且为国家文化公园建设提供了有力的支撑。山海关中国长城文化博物馆是长城国家文化公园建设的重大项目,其中设有长城国家文化公园规划展厅。河北的长城旅游元素新颖,增加了音乐节与民宿等元素。同时,北京市和河北省在冬奥期间将长城元素融入赛区的设计中,让长城元素大放异彩。辽宁省正在建设绥中长城博物馆,并且将有序推进全省13个市的长城国家文化公园,建设一个个具有特点的长城公园。山西大同设计开发出长城文化旅游直通车线路,得到人们的支持,并且将打造一批长城主题旅游景区,推动长城文化与旅游的融合,开发一批新业态产品。

国家发展和改革委员会与有关部门扎实推进大运河国家文化公园建设,建立了完善的协调机制。地方层面上,北京(通州)大运河文化旅游景区于2022年7月底改造完成,大运河文化公园和大运河森林公园将给游客带来极致的旅游体验。河北省沧州市将建设大运河国家文化公园中的非物质文化遗产公园,使大运河文化焕发新的活力。2021年,中国大运河博物馆作为江苏省建设的经典项目也已经开馆向游客展示。江苏省还推出了各种类型的大运河旅游线路,不仅注重江苏省内的旅游,还将大运河航线开发为国际旅游航线。杭州市京杭大运河博物馆于2020年底开始建设,2024年预计进入试运营阶段。河南省洛阳市隋唐大运河文化公园主体结构全面封顶,具有文化展示、购物娱乐等多种功能,融入了洛阳市的文化。各地方积极响应大运河国家文化公园的建设,为大运河国家文化公园高质量建设贡献力量。

长征国家文化公园涉及15个省、区、市,是中国人民革命精神的集中体现。

长征国家文化公园甘孜段于2023年基本建成，23个标志性项目建设取得实质性进展，飞夺泸定桥、甘孜大会师、乡城香巴拉三大核心主题区也在稳步推进建设。泸定县红军飞夺泸定桥纪念馆展陈提升项目基本完成，利用全息投影等新技术，让游客深度体验什么是长征精神，长征精神的文化内涵是什么。三明市是红军长征的四个出发地之一，三明市为建设好长征国家文化公园已经完成中央苏区革命纪念馆主题展厅及红旗广场雕塑等项目。于都县以长征国家文化公园项目建设为中心，打造精品演艺，推进红军街等项目建设。在遵义红军山，遵义市推进了"演艺+旅游"的融合发展之路。长汀县长征国家文化公园（长汀段）建设规划了42个项目，总投资近75亿元。

黄河是我国的母亲河，建设黄河国家文化公园具有更特殊的意义。各地方积极落实国家政策，例如，陕西省在2021年6月中旬公布了《黄河国家文化公园（陕西段）建设保护规划征求意见稿》，将群众的经验与专家的意见相结合。2021年7月12日，由甘肃省委宣传部与兰州大学共建的黄河国家文化公园研究院正式揭牌成立。一系列政策的出台和平台的建立保障了黄河国家文化公园的高质量建设。2021年9月，一系列黄河文化旅游活动在山东开展，山东省聚焦黄河文化主题，打造"黄河入海流"的特色品牌。河南省郑州市黄河国家博物馆也正在建设中，将为黄河文化的发展起到推动作用。

长江是我国的第一大河流，在中华文明的发展中起着重要作用。为了保护和大力弘扬长江文化遗产，2022年1月，长江国家文化公园建设正式启动。2022年4月，长江文化公园（重庆段）被纳入长江国家文化公园重点建设区。重庆市策划了博物馆、纪念馆、遗址、遗迹等270个建设项目，为建设好长江国家文化公园奠定基础。江苏省江阴市建设长江大保护展示馆，推出文化长江、知识长江等文化体验项目，打造长江—运河文化创意廊。青海省对长江流域青海段的文物资源进行了调研，深入挖掘长江文化的内涵。四川省将长江国家文化公园建设与其他项目建设相结合，共同推动长江国际黄金旅游带建设。安徽省建设中国（长江）渔文化博物馆，讲述长江古代故事，弘扬长江文化。

（二）现实困境

建设国家文化公园是一个长期的任务,面临着许多现实的问题。我国国家文化公园建设的现实困境主要体现在体制机制、区域整合、文化遗产保护以及数字化发展等方面。

第一,体制机制建设。在国家文化公园建设的体制机制方面,国家文化公园的管理运营面临着资金短缺、管理不严格等方面的挑战。国家文化公园在地方建设中,也面临着缺乏稳定的管理机构,跨部门、跨地域协调机制不够完善,不够协调,人、权分离的管理模式效率不高等问题。

第二,区域整合发展。国家文化公园建设不应只是各省市内资源的利用,而应是各区域之间的资源整合利用。在整合时,既要保证各省市资源的相对独立性,也应该注意各省市资源的有效互动,取得整体资源利用效益最大化。但是,目前的国家文化公园建设在区域整合方面还欠缺一定的合理性,缺乏完善的规划。

第三,文化遗产保护。保护好、传承好和利用好文化遗产是国家文化公园建设的核心任务,国家文化公园文化遗产的保护应把握前瞻性、连续性和针对性原则。文化遗产是不可再生的稀缺资源,应该做到在开发时认真、仔细,保持遗产的原真性。对于濒危的文化遗产,要及时采取必要的保护措施。在遗产利用过程中,坚持遗产保护第一是首要原则。

第四,数字化建设。国家文化公园建设的数字化发展方面,2021年12月,国务院印发了《"十四五"数字经济发展规划》,指出要重视数字经济的深化应用和规范发展。首先,促使数字文化资源朝向系统化方向发展,合理统筹管理数字文化资源。其次,彰显文化高度,促进数字博物馆集群化发展,展现中华文明博大精深的特质。最后,利用AR、VR等手段提供沉浸式服务感觉,推动文化旅游与科技的深度融合,为旅游者创造良好的旅游体验。

第二节　我国国家文化公园遗产可持续利用的类型特点

我国的国家文化公园地域分布广阔、文化发展形式多元，呈现出半封闭半开放式的特点，与周围城镇、乡村聚落联结密切，能够带动周边城镇经济、社会、文化的发展。[①]

一、长城国家文化公园

长城国家文化公园以秦汉长城、明长城主线为重点，以我国各个时代各类长城相关文物、文化资源为主体，涵盖长城文化景观的主要构成要素、其他与长城直接关联的自然景观及生态环境。

（一）文物资源丰富，自然环境独特

长城文物遗存数量丰富，类型多样，由规模宏大的连续墙体、数量庞大的烽火台和依托各类自然要素形成的戍守系统、屯兵系统、军需屯田系统等构成，史称长城塞、墙垣、界壕、边垣等。此外，长城沿线分布着数量丰富、种类多样的自然生态资源，森林密布，是我国重要生态功能区和我国北方重要的生态屏障。

（二）文化类型多元，文化特色突出

历史上，长城是我国农耕文化和游牧文化的重要分界线，孕育了丰富的农耕文化、草原文化、红色文化、丝路文化、西域文化等。长城沿线分布有数量众多的文化遗产和旅游资源，诸如内蒙古和林格尔汉墓壁画、昭君墓，山西云冈石窟等。同时，还保存了大量与长城密切相关的历史文化村落，遗留了与长城有关的历史故事、名人逸事、农耕生活、民俗节庆、诗词歌赋等非物质文化遗产。

---

① 龚道德：《国家文化公园概念的缘起与特质解读》，《中国园林》2021年第37期。

（三）坚持保护优先，促进文旅融合

长城国家文化公园建设始终以"保护第一，传承优先"为原则，同时推进沿线文化和旅游产业的发展。一方面，整合沿线文化资源，建立长城的保护与传承、开发与利用体系；另一方面，长城沿线共有560家A级旅游景区，88处全国红色旅游经典景区，6个全国一级博物馆等，这些旅游资源应得到很好地开发和利用。长城国家文化公园建设有效实现了文旅融合，扩大了就业，带动了周边城镇经济社会的发展。

二、大运河国家文化公园

大运河全长近3200公里，是具有2500多年历史的活态文化遗产，在历朝历代中发挥着漕粮供给、商贸联通的作用。大运河沿线地区经济社会发展基础好，文化遗产资源丰富，为推动生态保护和绿色产业的发展提供了保障。

（一）政策保障完备，保护传承为主

《中国大运河遗产管理规划》的出台，有利于大运河遗产保护和文化的挖掘利用。2021年8月，国家文化公园建设工作领导小组印发《大运河国家文化公园建设保护规划》，明确提出要从保护重要遗址遗迹，建立主题博物馆、文博场馆、古镇村落和纪念设施，打造大运河研究平台，出版重点文艺作品等方面建设大运河国家文化公园，以推进国家级非物质文化遗产的保护传承与开发利用。[①]

（二）文化体系丰富，文化内涵广博

大运河实现了南北物产资源的大跨度调配，在国家统一、经济繁荣等方面发挥了重要作用，同时也促进了南北文化交流和科技交流。大运河文化包含了漕运文化、水利文化、建筑文化、园林文化、精神文化等各个方面，展现了大运河的历史沿革、风土人情、文学艺术、生活方式、行为规范等。

---

① 龚道德：《国家文化公园概念的缘起与特质解读》，《中国园林》2021年第37期。

（三）主题功能鲜明，经济有效循环

大运河国家文化公园建设按照"河为线，城为珠，珠串线，线带面"的思路，构建"一条主轴凸显文化引领、四类分区构筑空间形态、六大高地彰显特色底蕴"的总体功能布局。[①]一方面，从综合展示体系、展示体验方式等角度，明确核心展示园、集中展示带及特色展示点的相关任务，突出园区主题；另一方面，建立具有国际影响力的"千年运河"文化旅游品牌，提高整体辨识度，规划大运河文化旅游精品线路，开展大运河特色主题活动，在文旅融合发展路径中规范生产经营活动、推动绿色产业发展。

三、长征国家文化公园

长征国家文化公园作为一种文化载体，蕴含着优秀的中华文明，诠释了中国共产党不怕困难和勇于挑战困难的精神。

（一）发扬革命精神，传承红色基因

《长城、大运河、长征国家文化公园建设方案》指出，要对长征精神进行研究，突出二万五千里长征的精神内涵。我们要结合新时代的特色，深入研究井冈山精神、长征精神、西柏坡精神等，推动其在沿线区域的传承发展。各省市要对长征沿线的重大故事、人物进行深度挖掘，讲好长征故事，对革命文物的文化内涵进行深入研究和开发利用，为红色基因的发扬光大提供坚实保障。我们要将长征沿线的红色旅游资源整合利用，使党史学习教育深入人心，让红色故事启迪人们。

（二）思想政治教育，弘扬爱国主义

长征国家文化公园具有重要的思想政治教育价值。长征国家文化公园承载了实事求是、艰苦奋斗的发展理念，展现了中国人特有的文化精神，并且树立了中国人坚定不屈、不畏困难的形象。

---

① 龚道德：《国家文化公园概念的缘起与特质解读》，《中国园林》2021年第37期。

（三）红色研学火热，体验长征文化

《长城、大运河、长征国家文化公园建设方案》指出，要发展内涵丰富的红色研学旅行，让旅游者深刻体验长征中革命先辈不畏困难的精神。为了扩大文化供给，景区应开发各种特色旅游商品以吸引旅游者。长征国家文化公园凭借自身的资源优势大力推进"红色旅游+研学旅游"的多业态融合发展，将红色知识和精神的学习融入旅游之中，让旅游成为文化传播的手段。

四、黄河国家文化公园

建设黄河国家文化公园，是黄河文化保护与传承的重要举措与手段。

（一）文化内涵丰富，中华文化之魂

黄河全长5464千米，孕育了关中文化、齐鲁文化等独具特色的地域文化。中华文明就是从黄河流域肇始、壮大并广为传播。正如习近平总书记指出的："黄河文化是中华民族的根和魂。"黄河国家文化公园彰显出中华民族敢于拼搏的精神品格。黄河精神早已根植于中华民族的血脉，自强不息、勇于抗争等优秀品格为中华民族打上了深深的精神烙印。

（二）文化遗产丰富，研究黄河精神

2021年10月，中共中央、国务院印发了《黄河流域生态保护和高质量发展规划纲要》，指出要实施黄河文化遗产保护工程，对濒危遗产实施抢救性保护。黄河文化遗产包括陕西石峁和山西陶寺等重要遗址和古建筑、古镇古村等农耕文化遗产。这些遗产综合展示了黄河流域在农田水利、天文历法等方面的文化成就。2022年7月，国家文物局、文化和旅游部、国家发展改革委、自然资源部、水利部联合印发了《黄河文物保护利用规划》，指出要对黄河文物资源进行调查，推进黄河文物全面研究，推动黄河文化走出去，提升黄河文化国际影响力。①

---

① 国家文物局：《黄河文物保护利用规划》，国家文物局网站，2022年7月18日。

（三）文旅融合发展，推进协同发展

黄河上游的景观种类丰富，孕育了独具特色的风光和民族文化。青海、四川、甘肃毗邻地区可以凭借自身独特的资源共建国家生态旅游示范区。黄河中游可以依托丰富的文化资源，突出地域文化特点和农耕文化特色。中游地区的省市可以借此打造优质的历史文化旅游目的地。黄河下游省市应该发挥好泰山、孔庙等世界著名文化遗产的作用，弘扬中华优秀传统文化。各省市应该依托周边红色旅游资源，对黄河文化进行展示，让黄河文化在旅游中"活"起来。

五、长江国家文化公园

长江全长约6397千米，是世界第三大河，亚洲第一大河，和黄河一样是中华民族的母亲河。其水系发达，由数以千计的大小支流组成，展现了祖国从西到东丰富的水文地貌，孕育了江岸多彩的长江文化，见证了中华民族数千年生产生活的变迁。

（一）稻作文明之源，中华文化之集

建设长江国家文化公园有利于向民众展现底蕴深厚的长江文化，在弘扬传统文化的同时推动美丽乡村建设。长江流域稻作农业被誉为"世界稻作之源"[①]，围绕稻作文明所形成的物质生产方式和农耕文化影响了长江流域居民的社会组织形式及思想观念，如梯田文化、耕作制度、灌溉工程、手工艺技术、桑基鱼塘生产模式等，为实现周边乡村产业、文化和生态发展提供了支撑。历史悠久、绵延万里的长江还孕育了极具特色的巴蜀文化、荆楚文化、吴越文化，伴随着中华民族在近代中艰难奋起，在新时代里开拓进取。

（二）坚持绿色发展，构建生态文明

长江是世界上水生生物最丰富的河流之一，分布有淡水鲸类2种，浮游动植物1750余种（属），底栖动物1008种（属），水生高等植物1000余种。鱼类资

---

① 闵庆文、张碧天：《稻作农业文化遗产及其保护与发展探讨》，《中国稻米》2019年第25期。

源丰富,分布有鱼类424种,长江特有鱼类170多种。长江是我国重要的战略水源地、生态宝库和重要的黄金水道。长江流域森林覆盖率达40%,河湖湿地面积约占全国的20%,是维护国家生态安全的重要屏障。2021年3月,我国正式施行《长江保护法》,更加明确了长江流域坚持绿色发展的理念。长江国家文化公园的建设势必要重视其生态修复和环境保护功能,提升公共空间品质,构建生态文明。

(三)赋能区域经济,助力沿岸发展

长江流域交通便捷,物产丰富,产业基础牢固,城市密集度高,由此形成的长江经济带横跨国内东、中、西三大区域,覆盖11个省(市),在全国经济发展中发挥了重要引擎作用。2019年,长江经济带经济规模总量占全国经济比重的45.2%。充满经济活力的长江流域为建设国家文化公园提供了强有力的经济支持。同时,建设长江国家文化公园也有利于推动东、中、西部协调发展,加强沟通与协作,为进一步推进沿岸流域新型城镇化与乡村振兴战略融合、优化产业布局、促进文旅融合、提升城市文化竞争力、开拓环城游憩空间等注入了新的活力。

第二章

国家文化公园遗产可持续利用的问题与借鉴

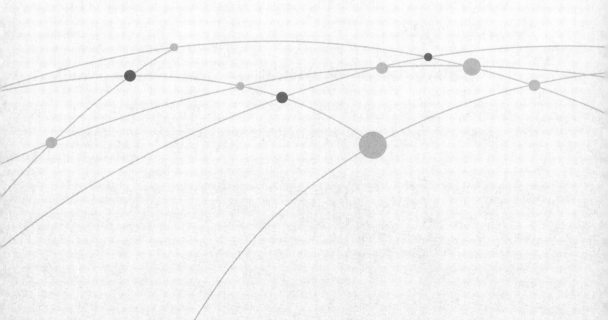

本章首先对建设国家文化公园目前存在的问题进行深入分析,其次对国内外国家文化公园遗产保护的经验进行总结,为国家文化公园遗产可持续利用提供借鉴与启示。

第一节　我国国家文化公园遗产可持续利用存在的问题

活态性、脆弱性是文化遗产的基本特征。因此,只有对国家文化公园遗产不断保护利用,才能使其保持活力。[1]但在传承、利用国家文化公园遗产的过程中也出现了很多问题。要实现国家文化公园遗产的可持续利用,首先要厘清我国文化公园遗产保护与开发的现状和面临的突出问题。[2]通过对长城国家文化公园、大运河国家文化公园、长征国家文化公园、黄河国家文化公园、长江国家文化公园等相关资料进行分析,我们发现我国国家文化公园遗产可持续利用现存问题主要集中在以下几个方面:思想认识上存在一定的局限性,对国家文化公园遗产的活态展示不到位,行政管理和运营体制存在一定的不足,缺乏人才,难以保障保护、建设、开发和利用的资金;民众参与国家文化公园遗产保护与利用的意识较为薄弱。[3][4]

一、思想认识上存在一定的局限性

国家文化公园建设在某种意义上是一个意识层面和认识层面的问题,只有深入挖掘国家文化公园的文化内涵,认识其本质,才能谈国家文化公园遗产

---

① 姚伟钧:《从文化资源到文化产业——文化资源的保护与开发》,华中师范大学出版社2012年版。

② 王利伟:《高水平推进黄河国家文化公园建设保护》,《中国经贸导刊》2021年第13期。

③ 梅耀林、姚秀利、刘小钊:《文化价值视角下的国家文化公园认知探析——基于大运河国家文化公园实践的思考》,《现代城市研究》2021年第7期。

④ 马燕云:《推动陕西段长城长征国家文化公园建设的思考》,《新西部》2020年第25期。

的传承保护与利用,才能顺利开展国家文化公园建设。[①]

(一)对国家文化公园的概念认识不清的问题

国家文化公园是一个新概念、新课题,需要有一个由浅到深的认识过程。事实上,国家文化公园由国家公园引申而来,从国家公园到国家文化公园,两者既相互联系又相互区别,故极易混淆。[②]目前普遍存在对两者概念认识不清的问题,或者简单将国家文化公园理解为国家公园,甚至是只突出"公园"二字,很容易让地方在建设过程中联想到一般公园中游乐设施、商业网点、旅游纪念品销售等的固定配置问题,这不利于明确国家文化公园的定位。应当说,国家公园是相对封闭的系统,而国家文化公园则是半封闭半开放的系统。除了具有生态保护、科学研究、旅游功能外,国家文化公园还包括遗产保护、文化传承利用、科普教育功能,更加讲究还生态、还文化、还园于民的理念。

(二)对国家文化公园遗产保护和可持续利用的目的认识不够全面深入

国家文化公园通常依托世界文化遗产,因此,在历史、社会、科技、经济和审美方面都具有较高的价值,也正因为这种高价值使得政府之前在文化公园的保护传承和开发利用上相对谨慎、保守,更多的是进行储藏式的财富保护和无形性的文化传承。[③]尽管如此,目前我国的国家文化公园仍然存在保护不到位的问题。各级政府从思路上、观念上、理论水平上,距离做好国家文化公园遗产保护工作还有较大的差距,并且责任落实机制不健全。另一方面,对国家文化公园遗产的利用不合理,存在重旅游开发轻遗产保护、轻文化建设的问题。事实上,国家文化公园遗产的保护和利用是密不可分的,保护是前提、是基础,利用是传承、是发展,重点是找到恰当的途径和方式。因此,只有深入理解文化遗产利用的内涵,才能促进文旅融合,才能科学、协调、有序、高效发展。文化遗产利用的根本目标是传播遗产价值,传承其精神与意义。在新的社

---

①② 王健、王明德、孙煜:《大运河国家文化公园建设的理论与实践》,《江南大学学报(人文社会科学版)》2019年第18期。

③ 李国庆、鲁超、郭艳:《河北省长城国家文化公园建设与区域旅游融合创新发展研究》,《唐山师范学院学报》2021年第43期。

会形势和经济常态下，我们应该更加深刻、全面地认识国家文化公园遗产保护的目的和意义，除了重视文化层面，还应关注社会和经济层面，也就是对国家文化公园的可持续利用把握和理解要到位。

从社会层面来看，要发挥国家文化公园遗产保护的社会协同效应，既要持续关注国家文化公园遗产本身的保护和建构，更要关注它与其他社会系统的联系和互动，建立起国家文化公园遗产保护、区域社会经济统筹发展、人民群众精神文化需求之间的良性互动关系。[①]

从经济层面来看，文化遗产既是一种文化资源，又是一种经济资源。认同了文化遗产的经济价值，就会涉及这种价值如何体现的问题。如果只进行纯粹的储藏式关闭保护，将使其价值大打折扣。事实上，围绕文化遗产价值展开展示、教育、体验等利用活动本身就是一种保护形式，而且往往与游客活动紧密关联，是一种综合效益显著的有效手段。尤其在文旅融合以及经济新常态背景下，更应将激发国家文化公园遗产保护的综合效益列为重要目标，以推动国家文化公园遗产保护、传承和利用的可持续发展。只有深入理解国家文化公园遗产的保护和可持续利用目的，才能促进文旅融合，才能科学、协调、有序、高效发展。

（三）对国家文化公园遗产保护和可持续利用的复杂性和独特性认识不够

国家文化公园遗产可持续利用的相关理论是对国家公园相关理论的延续和发展，而国家文化公园遗产的可持续利用远比国家公园更加复杂。我们不能简单地将国家文化公园遗产与一般国家公园等同。无论是长城、大运河、长征线路、黄河，皆是中华文明的精髓所在，承载着中华文化的内涵。[②]此外，国家文化公园遗产的可持续利用涉及游客、当地居民、企业、单位，不同职能的部门，牵扯到各方面的利益，其难度可想而知，其复杂性和艰巨性也将是前所未

[①] 李国庆、鲁超、郭艳：《河北省长城国家文化公园建设与区域旅游融合创新发展研究》，《唐山师范学院学报》2021年第43期。

[②] 王健、王明德、孙煜：《大运河国家文化公园建设的理论与实践》，《江南大学学报（人文社会科学版）》2019年第18期。

有的。[1]因此，我们首先要深入认识国家文化公园遗产可持续利用的复杂性和独特性，探索出一种既与国际通行的国家公园理念和发展目标相一致，又符合中国国情的国家文化公园建设和管理模式。

（四）对国家文化公园遗产可持续利用的文化内涵挖掘、梳理得不够充分

《欧洲景观公约》从文化景观的角度对文化资源"物质—价值"之间的内在关系进行了较为经典的表述，认为"景观的感知意义更胜于现实，尤其是通过观察而被理解、过滤，进而呈现于人们的观念世界，这是理解文化景观理念的关键"[2]。国家文化公园遗产的可持续利用应当遵循文化引领、彰显特色原则，坚持社会主义先进文化发展方向，深入挖掘文物和文化资源的精神内涵，特别要重视挖掘能够引发人们感知联想的文化价值及精神内涵。但由于我们对国家文化公园遗产的文化内涵的挖掘梳理不够充分，对其文化底蕴研究不透彻，文化家底梳理不到位，直接导致我们在国家文化公园建设中知识储备不够，公园建设定位不准、规划不清，建设缺乏方向感。

二、对国家文化公园遗产的活态展示不到位

文化展示是国家文化公园的重要功能，有助于人们更好地认识、理解、感悟国家文化公园所要彰显的文化价值及其精神内涵。但在目前的国家文化公园遗产的展示层面，仍然存在较多的问题，例如，未能创新展示方式，未能根据文化遗产及其所处背景环境的独特性进行专门设计等。[3]

（一）国家文化公园遗产的整体保护较难，地方特色不够突出

国家文化公园遗产的可持续利用是传承中华文明基因库和汇聚中华民族凝聚力的战略举措，是向世界展示中国文化的重要窗口，必须在体现国家水准

---

[1]　蔡武进、刘媛：《长江流域文化遗产保护的现状、价值及路径》，《决策与信息》2022年第1期。

[2]　梅耀林、姚秀利、刘小钗：《文化价值视角下的国家文化公园认知探析——基于大运河国家文化公园实践的思考》，《现代城市研究》2021年第7期。

[3]　梅耀林、姚秀利、刘小钗：《文化价值视角下的国家文化公园认知探析——基于大运河国家文化公园实践的思考》，《现代城市研究》2021年第7期。

的同时，突出地方特色。①然而，国家文化公园作为典型的线性文化遗产，其涵盖的文物和文化遗产与历史文化街区、村镇、古城遗址等文化遗产区域相比，其跨区域、跨世纪、跨文化的特点，使得其整体保护难度大，可持续利用的地方特色不足。首先，一个国家文化公园遗产通常跨越多个行政区域。例如，长城和长征分别穿越15个省区市，大运河途经8个省市，黄河流经9个省区。②这就导致了在同一种类型的国家文化公园遗产的利用上存在同质化现象。其次，国家文化公园所涵盖的文物和文化遗产时间跨度大多是几千年，尽管长征文物和文化遗产时间最短，也跨越了80多年，一些长征中的战斗遗址已受到毁坏，一些长征故事只能依靠查阅相关回忆录。由于历史悠久、时间跨度大，给确保文化遗产的原真性和文化内涵的展示增加了难度。③此外，国家文化公园相关文化遗产不仅跨区域、跨世纪，而且跨文化。例如，长城始建于春秋，距今2600多年，最早的长城是齐长城、楚长城，因国家之间频繁的战事而修建。其后，历经战国、秦、汉、南北朝、隋、唐、五代、宋、辽、西夏、金和明等2000余年的修建，最终呈现出如今的规模。这项人间奇迹，东起大海，穿越森林、草原、沙漠，横卧平原、山脉、高原，是世界上延续时间最长、分布范围最广、军防体系最复杂、规模最庞大的文化遗产，受多方面影响，无论是保护文化遗产的完整性，还是展示完整的文化遗产，难度都很大。长城、大运河、长征、黄河、长江文化遗产在整体保护和突出地方特色方面都面临很大的困难。

（二）国家文化公园遗产与区域文化资源点的协同与串联度不够

国家文化公园作为典型的线性文化遗产，具有跨区域的特点，具有串联周边文化资源的潜力，在对其进行可持续开发利用的时候必然带动沿线文化旅游的发展。而周边文化景点和关联文化景点的感知体现了公众对周边旅游资源和国家文化公园遗产的关注。因此，如何协同与串联国家文化公园遗产与区域文化资源，是我国实现国家文化公园遗产可持续利用需要解决的重点问题之一。但我国在对国家文化公园遗产进行开发、利用时，存在如下问题：对沿线

---

① 王利伟：《高水平推进黄河国家文化公园建设保护》，《中国经贸导刊》2021年第13期。
②③ 《国家文化公园：线性文化遗产保护传承利用的创新性探索》，《中国旅游报》2021年6月2日。

资源整体统筹不足，文化资源保护利用仍局限于单体，区域文化资源间缺乏联动，文旅产品与周边文化联动融合较弱，故事线索组织及系列文物差异化展示不够深入，整体系统连片式保护利用开发有待加强。[①]

（三）基础设施配套及环境条件有待提升

当前，国家文化公园遗产所在的县道及乡道衔接能力弱，承载力有待加强，旅游公路不成体系，资源点交通可达性不佳，整体交通体系系统性不足，部分干道沿线环境污染严重，并且餐饮、住宿等旅游配套设施不完善，存在等级较低、质量不高、城区郊区分布失衡等问题，不利于国家文化公园遗产的可持续利用。[②]

三、行政管理和运营体制存在一定的不足

（一）国家文化公园遗产与旅游在融合过程中行政和管理融合不同步

"国家文化公园建设要通盘考虑文化资源的保护利用，突出地方文化特色。其中，文旅融合是国家文化公园的题中之义，建议培植特色鲜明的文旅融合品牌、打造'非遗+旅游'产品，串联起地方特色产品销售、旅游演艺、民宿体验、旅游纪念品开发等业态。"[③] 全国人大代表、国家级非遗项目花鼓戏代表性传承人杜美霜在2021年的全国两会的这条建议，受到国家相关部委的高度重视。2018年，国务院机构改革，文化部和国家旅游局由原来两个并列的部门合二为一，组建文化和旅游部。在此背景下，以国家文化公园遗产为载体的旅游成为文化产业与旅游产业融合发展的大趋势之一。但不可否认，在融合过程中，在管理上和职能上仍然存在沟通不足的问题，侧重点不同也使得文旅融合不够深入。

---

①② 《长征国家文化公园规划要点探究——以遵义为例》，https://cpfd.cnki.com.cn/Article/CPFDTOTAL-ZHCG202109009010.htm，2021-09。

③ 《国家文化公园：砥砺奋进 创造辉煌》，https://mp.weixin.qq.com/s/dLw_x97rO8uvrD8nRV3aIQ，2022-03-08。

（二）国家文化公园的管理运营亟待强化，各方协作力度不够

从目前国家文化公园的试点发现，各地对国家文化公园的管理方式、管理体制机制以及在管理和运营边界上存在一定的问题，由谁统筹，由谁监督，由谁进行实体机构管理等问题尚未被解答，各方的协作力度亟须加强。[1]同时，国家文化公园遗产可持续利用的实际工作中，也存在"上面雷声大，下面雨点小；行政宣传多，实际进展少；会议研讨多，重要成果少；调研表态热，实际工作冷"[2]的情况。

首先，在实际的保护和发展利用过程中，各部门统筹协调不够，存在多头管理和部门利益纠葛等问题。其次，国家文化公园遗产具有跨区域的特点，因此在其开发利用过程中，各个地方各自为政，多干快干，以经济利益为首要关注点的情况仍然存在。最后，国家文化公园遗产可持续利用的过程中存在统筹协调能力与现实需要之间的矛盾。

（三）开发力度不够与管理保护不到位

建设国家文化公园，保护是基础，传承是方向，利用是动能，要处理好文化遗产保护、传承、利用的辩证关系。习近平总书记指出："大运河是祖先留给我们的宝贵遗产，是流动的文化，要统筹保护好、传承好、利用好。"在国家文化公园建设中，既要保护好文化遗产，杜绝拆真建假、拆旧建新、破坏环境等现象，也要不断强化地方对国家文化公园的内涵认知，读懂国家文化公园的文化含义，凝聚发展共识，推进价值共创，深入挖掘好文化遗产的当代价值，传承好中华优秀文化，增强民族自信心与自豪感，赋能国家文化公园沿线城乡建设和经济社会发展，更好地满足人民群众对美好生活的需要。这是社会对建设国家文化公园的期待，也是国家文化公园建设中的重点难点问题。[3]但在实际工作中，由于国家文化公园遗产遗址多、时空跨度大，保护要求比一般文化遗

---

① 梅耀林、姚秀利、刘小钊：《文化价值视角下的国家文化公园认知探析——基于大运河国家文化公园实践的思考》，《现代城市研究》2021年第7期。

② 王健、王明德、孙煜：《大运河国家文化公园建设的理论与实践》，《江南大学学报（人文社会科学版）》2019年第18期。

③ 《国家文化公园：线性文化遗产保护传承利用的创新性探索》，《中国旅游报》2021年6月2日。

产更为复杂，因此保护碎片化现象依然突出，部分非物质文化遗产传承活力不足，保护压力大、保护力量不足，面临生存发展挑战。[①]在管理工作中，由于管理单位不统一、多头管理、权属混杂，缺乏科学完善的管理保护机制，导致对国家文化公园遗址遗迹的保护管理不到位。

另外，我国对国家文化公园遗产的开发力度不够。当前文化遗产保护的理念和方式较为传统，其保护利用存在概念界定模糊、保护理念与方式传统、活化途径和手段单一以及开发程度低等问题（例如多依赖政府扶持，数字化、信息化程度偏低等）。[②]

这些问题制约着国家文化公园遗产旅游市场的发展，导致国家文化公园的保护与利用仅余政府"热"，影响我国伟大民族精神的展现、传承。因此，国家文化公园遗产的可持续利用一定要处理好传统保护与现代运营的关系，综合采取现代手段，推动国家文化公园遗产找到推进保护与有效利用的转化路径。[③]

四、缺乏人才

建设国家文化公园的相关单位仍面临人才短缺的困境。

（一）专业人才数量短缺

基层单位由于人才不足，基层研究水平较低，造成可持续利用工作难以满足需求。基层单位的编制紧缺，人才的引进渠道单一，资金、政策等方面的保障机制不够健全，福利待遇、发展空间限制等因素导致国家文化公园相关单位出现"急需人才进不来、紧缺人才有缺口、现有人才不够用、引进人才留不住"的现象，造成专业人才数量上的短缺，特别是基层工作人员，直接影响国家文

① 刘禄山、王强：《关于长征国家文化公园建设路径的思考——以长征国家文化公园四川段建设为例》，《毛泽东思想研究》2021年第38期。

② 李国庆、鲁超、郭艳：《河北省长城国家文化公园建设与区域旅游融合创新发展研究》，《唐山师范学院学报》2021年第43期。

③ 王利伟：《高水平推进黄河国家文化公园建设保护》，《中国经贸导刊》2021年第13期。

化公园遗产可持续发展的顺利推进。[①]

（二）专业人才结构失衡

国家文化公园遗产的可持续利用需要遗产保护、旅游规划、文化研究、经营管理、策划创意、可持续利用、接待服务等多行业的专业人才相互配合。因此，结构合理的人才队伍是国家文化公园遗产可持续发展的关键。但当下国家文化公园相关单位不仅在专业人才数量上存在短缺，而且在专业人才结构上存在失衡，与实际需求脱节的人才队伍会阻碍国家文化公园的建设。

（三）人才队伍素质不足

现有人才队伍的素质不足，无法满足国家文化公园可持续发展的需求。人才队伍素质上的不足会制约国家文化公园遗产的转型升级和跨越发展。例如，长城国家文化公园涉及区域广阔、资源丰富、领域多元，决定了与之匹配的人才队伍不仅数量庞大，而且质量要高。然而实际情况是现有管理人员大部分缺乏专业理论知识、基层服务人员普遍素质不高。

五、难以保障保护、建设、开发和利用的资金

国家文化公园的相关单位仍面临资金短缺的困境。

（一）发展资金短缺与投融资渠道的单一

以国家文化公园遗产为载体的文旅产业虽然是具有较强带动性的绿色朝阳产业，但同时也是先期投入大、投资回报周期长的产业，单靠政府的投入无法满足国家文化公园可持续发展的目标。[②]

此外，尽管政府积极大力地进行宣传推介、招商引资，但一些民间社会资本仍然处于观望阶段，很多国家文化公园在融资上往往心有余而力不足。但需要注意的是，在国家文化公园的规划、建设、投资、运营、管理过程中，需要处理好政府与市场的关系，政府不能"缺位"，更不能"越位"。需要在政府的组

---

①② 李国庆、鲁超、郭艳：《河北省长城国家文化公园建设与区域旅游融合创新发展研究》，《唐山师范学院学报》2021年第43期。

织引领下，着力发挥市场主导作用，加快形成良好协调搭配关系。①

（二）产业化与国际化发展程度不高

我国的国家文化公园在开发利用上虽然取得了一定的成绩，但与旅游业在全球经济中的发展势头强劲相比，国家文化公园遗产资源的旅游业发展速度依旧较慢、国际化程度较低。

（三）未处理好长期目标与短期目标的关系

国家文化公园建设、保护和可持续利用是一项长期工程，必须处理好长期目标与短期目标之间的关系。特别是要正确处理好长期目标与短期目标的衔接问题，按照国家文化公园建设、保护的轻重缓急，明确不同阶段的建设保护目标、任务和保障措施。此外，要统筹处理好近期建设紧迫性与投资回收长期性的平衡问题，创新设计建设保护资金筹措机制，调动各方资金参与国家文化公园建设、保护和可持续利用的积极性。②当前，在"文化搭台，经济唱戏""发展才是保护"的口号下，存在因为过度强调短期经济利益以致破坏文化传承的现象。一些地方为发展旅游业，往往打着保护文化遗产的幌子，却重在利用尚存的文化遗产作为谋利的工具，四处招商引资，甚至把不能直接进行产业化开发的文化遗产也纳入产业化进程中，在遗址内兴建各种商业、娱乐和营运设施，使遗址遗迹受到破坏，包括对革命文物进行拆旧盖新式的改造，让文物严重失真，失去了原有价值，结果造成对国家文化公园遗产资源的过度开发和糟蹋滥用。

六、民众参与国家文化公园遗产保护与利用的意识较为薄弱

虽然我国早已在诸多法律文件里确立了公众参与文化遗产保护的原则，但这项原则并没有得到认真贯彻与执行。③ 在实践中，公众参与文化遗产保护的合理机制仍然缺乏，导致在我国文化遗产保护中，社会力量长期处于低参与

---

①② 王利伟：《高水平推进黄河国家文化公园建设保护》，《中国经贸导刊》2021年第13期。
③　蔡武进、刘媛：《长江流域文化遗产保护的现状、价值及路径》，《决策与信息》2022年第1期。

状态。具体体现在：首先，公众尚未在思想上完全树立文化遗产保护的主体意识，参与文化遗产保护的意识较为薄弱。其次，我国的文化遗产管理制度是一套自上而下的行政管理制度，政府在文化遗产保护的实践中一直居于主导者地位，社会公众在文化遗产保护中的知情权、参与权与监督权难以得到有效保障。再次，部分有意愿的公众参与文化遗产保护的渠道尚不通畅。最后，单一的"补偿式"发展政策忽视了社区参与的价值。现有的发展政策如"生态管护岗位""社区劳动服务"等多为参与式、补偿式的举措，难以激发社区自身的发展动力和参与到国家文化公园遗产可持续利用工作中的动力，同时相关条款多为理论概述，未能提出具体发展路径和实施策略，不利于国家公园社区经济增长、社会文化复兴，亦限制了整体生态系统的可持续发展。[1]

第二节　国内外重要文化遗产可持续利用的经验借鉴与启示

国家公园和国家文化公园对我们来说是一个新概念、新课题，我国可借鉴的经验比较少，因此，本节对首个国家文化遗产公园台儿庄古城以及国外的著名文化遗产公园的经验模式进行了分析总结，以期根据国内外国家文化公园遗产可持续利用的成功经验总结适合我国国情的经验。国外的文化遗产公园包括：美国的梅萨维德国家公园（世界文化遗产，北美洲印第安人文化遗迹保留地）、土库曼斯坦的梅尔夫国家历史和文化公园（世界文化遗产，古代丝绸之路上的交通要道）、德国的北杜伊斯堡景观公园（工业遗产公园）、哈茨国家公园（世界文化遗产）、意大利的瓦尔·迪奥西亚公园文化景观（世界文化遗产，文艺复兴时期农业美景）、西班牙的奎尔公园（世界文化遗产，社区公园），以及日本的飞鸟山国家公园（赏花）和日光国立公园等。

---

[1]　吴韵、唐军、侯艺珍、李亚萍：《基于生态特征分异的意大利国家公园社区发展的典型分析》，《中国园林》2021年第37期。

一、发挥好国家主体的主导作用

主体是指国家文化公园建设和运营的实施者,通常可以划分为国家主体与社会主体两大类型。[①]建设象征国家精神、传播中华优秀文化和强大革命文化的国家文化公园必须坚持国家站位、突出国家标准。首先,政府应起牵头作用,与不同社会团体和各个社会阶层进行广泛合作,共同参与到前期改造与后期管理维护的运行过程中,共同分享收益和承担风险,协调好各方利益关系,并取得广泛的社会认同,提升工业遗产保护的关注度、支持率和参与率。[②]其次,应由政府主导,市场运作委托下属的公共机构作为项目实施的主体,充分发挥公共机构的公共管理与开发的双重职能。再次,政府应与公共机构相互交流合作并通过制定相关政策、协调各方关系及调控市场运行等手段,在改造中发挥主导作用。最后,要采用统一规划、成片建设、逐步推进的方式,以便形成相对完整的城市肌理和城市景观。

二、构建健全的国家文化公园管理体制

通过梳理发现,无论是美洲、欧洲还是亚洲都根据自己的实际情况构建了完整的国家管理体制。加拿大、美国等美洲多个国家与时俱进,多采用企业模式进行管理,实行自上而下的管理体制,即垂直型国家公园体系。[③]欧洲多采用地方自治型国家公园体系,即国家指导,地方自治。亚洲多采用主体明确、责权明晰的综合型国家公园体系。

我国也应沿着这种发展趋势进行国家文化公园体制建设,尽快完善相关立法,使其得到统一、规范的管理。我国也在逐渐探索构建符合中国国情的国家文化公园管理体系:2013年,党的十八届三中全会首次提出建立国家公园体

---

① 王克岭:《国家文化公园的理论探索与实践思考》,《企业经济》2021年第40期。
② 崔杨芝:《以北杜伊斯堡景观公园改造为例探讨工业遗产的价值》,《赤峰学院学报(自然科学版)》2016年第32期。
③ 李国庆、鲁超、郭艳:《河北省长城国家文化公园建设与区域旅游融合创新发展研究》,《唐山师范学院学报》2021年第43期。

制；2015年开展10个国家公园体制试点工作，逐步探索了我国国家公园的体制建设；2017年，《关于实施中华优秀传统文化传承发展工程的意见》中首次提出"规划建设一批国家文化公园，成为中华文化重要标识"；2019年《长城、大运河、长征国家文化公园建设方案》审议通过，长城、大运河、长征国家文化公园迈出了启动建设的铿锵步伐；2020年党的十九届五中全会将黄河国家文化公园建设纳入"十四五"规划文化建设之中；2021年3月，"十四五"规划和2035年远景目标纲要擘画了黄河国家文化公园的蓝图；同年，《长城国家文化公园建设保护规划》《大运河国家文化公园建设保护规划》和《长征国家文化公园建设保护规划》印发；2022年国家文化公园建设工作领导小组部署启动长江国家文化公园建设，长城、大运河、长征、黄河、长江五大国家文化公园的总体建设布局初步成形。

三、确保国家文化公园建设、管理、运营和可持续利用的资金来源

通过梳理发现，无论是美洲、欧洲还是亚洲都根据自己的实际情况确保了国家公园建设、管理、运营等方面的资金来源。例如，美国的梅萨维德国家公园的运营资金主要有三大来源：国会财政拨款、国家公园收入、捐赠资金。此外，还包括来自私人、非政府组织和公司等的捐赠，捐赠主体中非政府组织数量较多，其中知名度较高的有国家公园基金会和塞拉俱乐部，通常以出售图书等方式筹措资金。加拿大国家公园管理局及其下属的各个类型国家公园的运转经费主要来自两种渠道：一是联邦政府的持续性拨款，二是各个公园的收入。包括哈茨国家公园在内的德国各类型国家公园则主张政府为主，营收为辅。其资金来源渠道包括州政府财政拨款、社会公众捐助、公园有形无形资源开发利用所带来的收入。日本及韩国的包括文化型国立公园在内的整个国立公园体系则实行统一的财政体制：政府主导，淡化与激活并举，有效分配。

这些不同管理体制下的资金来源为我国国家文化公园遗产的可持续利用的资金筹措提供了有效的借鉴意义。为避免出现我国国家文化公园资金投入

与需求不平衡的情况，应着重理顺国家文化公园财政体制，以统一、全面、高效的管理体制为基础，建立"以政府补贴为主导、其他社会投资为补充"的多层次国家文化公园财政体制。制定资金管理办法，确定各项资金的使用范围及方式，有效提高国家文化公园建设管理资金的使用效率，确保资金的合理分配。此外，据国家发展改革委官方微信公众号消息，国家发展改革委下达文化保护传承利用工程2022年第一批中央预算内投资。据悉，为完善全国城乡公共文化服务体系，有效提升重点文物和重大考古遗迹保护水平，推动"十四五"时期文化和旅游融合及高质量发展，国家发展改革委组织实施文化保护传承利用工程，安排中央预算内投资64.9亿元，支持国家文化公园、国家重点文物保护和考古发掘、国家公园等重要自然遗产保护展示、重大旅游基础设施、重点公共文化设施等288个项目。[①]

四、构建完善的文化遗产保护机制

通过梳理发现，无论是美洲、欧洲还是亚洲都根据自己的实际情况构建了较为完善的文化遗产保护机制。例如，为实现各个类型国家公园的持续发展，加拿大国家公园局制定了详尽的发展战略和周密计划，如国家公园及国家历史遗迹管理计划、国家公园数字化信息系统计划等。

美国的梅萨维德被纳入国家公园体系，归联邦政府所有和运维，不仅提供最高级别的保护，而且确保高水准的解说和公共通道畅通。梅萨维德有总体管理计划（1979年），承载能力和访客影响受到严格监控，并制定了限制影响的政策。

德国是世界上对遗产保护所作法律规定最严格的国家之一，在法规建设方面先后出台了《风景保护法》《森林法》《环境赔偿责任法》等。德国奉行回归大众，保护原真的遗产保护机制。其在世界遗产保护的立法思路上坚持自然保护目标，强调保护工作不是独立的而是多方联系和制约的体系，涉及制度、管

---

① 《中央预算内投资支持国家文化公园等重点项目》，《中国旅游报》2022年3月17日。

理、资金等环节,如政治管理体系、资金保障体系、监督体系、公众参与体系等都是以法律法规的形式明确下来,这为遗产保护工作的有序开展夯实了制度基础。

法国则针对文化型国家公园中的文化遗产的保护进行了"去国家化"改革,提出产权售让(Divestiture)、文化单位自治(Autonomization)、代理人(Agency model)、契约模式(Contracting out)、志愿者模式(Volunteer)、经费的多源化六种模式,文化遗产保护从"以国家为核心"向"以居民为核心"逐渐过渡,追求遗产的保护从"精英"回归"大众"。[①]在法国国家公园体制改革后,各个类型国家公园的分区管理中,加盟区的引入成为其空间统一管理的亮点:在保障核心资源得到充分保护的前提下,充分尊重民众意愿、充分吸纳社区加盟,以达成完整性、原真性保护目标。

日本是亚洲最早建立国立公园的国家,其在保护理念、活化保护和全民共识方面卓有建树:(1)提出了无形文化遗产理念。1950年颁布的《文化遗产保护法》中采用二分法将文化遗产分为有形文化遗产和无形文化遗产,强调文化遗产保护不仅要保护其建筑和自然形态,而且要保护遗产的非物质成分。(2)重视非物质文化遗产的活化保护。在活化保护中,强调非遗保护中"人"的因素,制定了规范的登录制度、特殊传承人保护机制、非遗传承的社区载体保护机制(例如,造乡运动、造街运动等),重视当地人的生活、重视当地环境保护的整体性。(3)培养全社会对文化遗产保护的共识。

借鉴上述各国文化遗产保护的先进经验,在我国国家文化公园的管理中,应重视文化遗产的活化,重视民间力量,逐渐培养起全社会对文化遗产保护的共识,激发社会主体的参与热情。

五、依托空间环境合理布局业态及景点

结合地域文化、自然环境,依托空间环境,合理布局业态及景点是国家文

---

① 《国家文化公园管理模式的国际经验借鉴》,《中国旅游报》2019年11月5日。

化公园可持续利用的关键之一。例如，日本飞鸟山国家公园除了史迹还包含村落、农田以及山林等区域，除了历史文化，还结合了当地的地域文化和自然环境开设了很多节事活动。

六、美学观点催生建筑设计创新

通过美学观点融入空间造型、平面、立面和剖面等建筑设计，可以让古老的文化遗产焕发新的活力。设计师可以通过对图案造型、建筑色彩、创作手法等的精心设计与安排，巧妙地将原有的国家文化公园遗产地带变成一个可供休闲娱乐、并且具有文化教育功能的场所。[①]

七、以需求为导向进行合理开发、建设与利用

聚焦本地居民、国内游客、国际游客的不同需求研究国家文化公园服务产品。与本地居民、国内游客不同，国际游客来自世界各地，拥有复杂多样的文化背景、价值观念、思维方式和心理特征。因此，在关乎国家文化公园"空间生产"和"空间中的生产"的相关决策中，要重视并研究游客对现阶段公园的总体满意度及其结构状况，发现共性的问题及不足，分析产生问题的原因，进而甄别出游客的主导需求。[②]

在统筹国家文化公园拟打造的文化主题与消费主导需求的基础上，提炼出国家文化公园"应该供给什么"的体系化内容，为旅游核心产品（包括在地产品、在场产品和在线产品）及其要素的供给提供来自需求侧的信息支撑。[③]

八、统筹大众传媒的主渠道作用和新兴媒体及公共外交的独特功能

在国家文化公园宣传推介方面，既要发挥大众传媒的主渠道作用，又要发

---

① 刘沛：《场所精神在工业遗产景观改造设计中的运用初探——以杜伊斯堡景观公园为例》，《大众文艺》2018年第21期。

②③ 王克岭：《国家文化公园的理论探索与实践思考》，《企业经济》2021年第40期。

挥新兴媒体和公共外交的独特功能，开展常态化宣传和推介活动，不断增强国家文化公园的影响力和感召力。具体而言，需做好以下三方面工作：

（1）充分利用杂志、报纸、广播、电视等传统媒体，发挥它们强大的内容生产力和较强的影响力、公信力优势。

（2）作为国家文化公园建设的重点基础工程之一，数字再现工程对国家文化公园沿线项目提出了"大力发展数字内容新业态，提供可视化呈现、沉浸化体验的数字展示和互动产品"等要求。积极运用多样的数字化媒体平台网络电视、网络广播、数字电影、数字报纸、手机网络等，发挥其低成本、广覆盖的优势，向公众传播遗产景观的非物质层面信息。

（3）通过公共外交途径，利用外交活动及有组织的国际活动等公共产品供给途径，润物细无声地传播国家文化公园衍生出的具象化文化产品，特别是以空间生产、文化扩散为主的在线产品（如影视文学作品等），提升国家文化公园所蕴含主流价值观对外传播的效能。

第三章

国家文化公园遗产可持续利用的
基本原则与战略路径

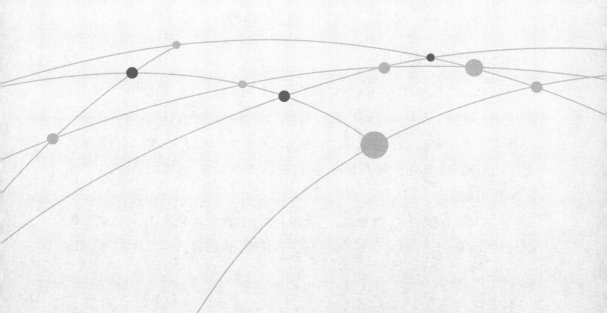

第一节　指导思想

国家文化公园遗产的开发和利用必须以习近平新时代中国特色社会主义思想为指导，全面贯彻党的十九大和二十大精神，认真落实党中央、国务院决策部署，紧紧围绕统筹推进"五位一体"总体布局和协调推进"四个全面"战略布局，加快推进精神文明建设和精神文明体制改革，坚定不移实施主体功能区战略和制度，以加强国家文化公园遗产原真性、完整性保护为基础，以实现国家所有、全民共享、世代传承为目标，理顺管理体制，创新运营机制，健全法治保障，强化监督管理，构建统一规范高效的中国特色国家文化公园体制，建立分类科学、保护有力的文化遗产保护地体系。要以长城、大运河、长征、黄河、长江沿线一系列主题明确、内涵清晰、影响突出的文物和文化资源为主干，生动呈现中华文化的独特创造、价值理念和鲜明特色，促进科学保护、世代传承、合理利用，积极拓展思路、创新方法、完善机制，做大做强中华文化重要标志，探索新时代文物和文化资源保护传承利用新路径。

第二节　基本原则

一、坚持整体保护

将国家文化公园的所有文化元素作为一个整体，进行一体化规划、开发、建设，统一打造。在规划、设计、建设国家文化公园的过程中，充分发挥长城、大运河、长征、黄河、长江等沿线文物和文化资源等的特色和优势，满足国家文化公园的保护传承利用、文化教育、公共服务、旅游观光、休闲娱乐、科学研究等各项功能要求。

牢固树立保护为主、抢救第一、合理利用、加强管理的方针，把应该保护的地方都保护起来，做到应保尽保。坚持将长城、大运河、长征、黄河、长江沿线一系列主题明确、内涵清晰、影响突出的文物和文化资源作为一个有机整体，统筹保护与利用，对相关文化遗产地进行功能重组，合理确定国家文化公园的范围。按照国家文化遗产整体性、系统性特征及其内在规律，对国家文化公园实行整体保护、系统修复、综合治理。

二、坚持活态传承

严格落实保护为主、抢救第一、合理利用、加强管理的方针，真实完整保护传承文物和非物质文化遗产。突出活化传承和合理利用，与人民群众精神文化生活深度融合、开放共享。完善公共文化服务体系，深入实施文化惠民工程，丰富群众性文化活动。加强文物保护利用和文化遗产保护传承。健全现代文化产业体系和市场体系，创新生产经营机制，完善文化经济政策，培育新型文化业态。[①]

强化顶层设计和统筹协调，在充分利用现有展陈空间的基础上，突出国家文化公园的主题特色，分级分类建设相应的文化主题博物馆、遗址博物馆、陈列馆、展览馆等，形成完善的文化展示体系，探索"互联网+"、AR、VR等互联网、数字化展示手段，形成特色突出、互为补充的综合展示体系，建设完善一批教育培训、社会实践基地等。[②]

三、坚持文化引领

坚持社会主义先进文化发展方向，深入挖掘文物和文化资源精神内涵，充分体现中华民族伟大创造精神、伟大奋斗精神、伟大团结精神、伟大梦想精神，焕发新时代风采。[③]突出问题意识，强化全球视野、中国高度、时代眼光，破除制约性瓶颈问题和深层次矛盾。既着眼长远又立足当前，既尽力而为又量力而行，务求符合基层实际、得到群众认可、经得起时间检验，打造民族性世界性

[①]　《十九大报告》，2017-10-18。
[②]　中共中央办公厅、国务院办公厅：《关于建立以国家公园为主体的自然保护地体系的指导意见》，2019-06-26。
[③]　中共中央办公厅、国务院办公厅：《长城、大运河、长征国家文化公园建设方案》，2019-12-05。

兼容的文化名片。

以国家文化公园承载的中华民族的历史文化价值、建筑遗产价值和文化景观价值为核心,以文化和旅游融合发展为主线,促进国家文化公园的文化资源转化成优质旅游产品,推动文化和旅游产业与教育、农业、科技、交通、体育等领域的跨界融合。通过文化和旅游融合发展,促进沿线区域交通等基础设施建设、文化设施改善,生态建设和服务业发展,提升区域综合发展能力和发展素质。①

四、坚持可持续发展

立足国情,继承和发扬我国文化遗产保护的探索和创新成果。借鉴国际经验,注重与国际文化保护与传承体系的对接,积极参与世界文化遗产保护,共谋全球精神文明建设。②真正可持续发展的文化只能是自觉地协调人与自然关系和保持自然界生态平衡的文化,即生态文化。③所以,要深入实施可持续发展战略,完善精神文明领域统筹协调机制,构建可持续的精神文明体系。④

坚持保护第一、传承优先,对各类文物本体及环境实施严格保护和管控,合理保存传统文化生态,适度发展文化旅游、特色生态产业,适当控制生产经营活动,逐步疏导不符合建设规划要求的设施、项目等。⑤建立健全政府、企业、社会组织和公众共同参与国家文化公园保护管理的长效机制,探索社会力量参与文化资源管理和遗产保护的新模式。⑥

五、坚持统筹规划

以整体发展观为指导,推进优质文化和旅游资源的一体化开发,突破行政

---

① 文化和旅游部资源开发司:《长城文化和旅游融合发展专项规划》,2022-04-27。
② 《十九大报告》,2017-10-18。
③ 郭湛、田建华:《理解文化及其可持续发展》,《中国人民大学学报》2002年第5期。
④ 《十九届五中全会公报》,2020-10-29。
⑤ 中共中央办公厅、国务院办公厅:《长城、大运河、长征国家文化公园建设方案》,2019-12-05。
⑥ 中共中央办公厅、国务院办公厅:《建立国家公园体制总体方案》,2017-09-26。

界线约束，进行资源整合、规划统筹、制度衔接和管理统筹。[1]坚持规划先行，突出顶层设计，统筹考虑资源禀赋、人文历史、区位特点、公众需求，注重跨地区跨部门协调，与法律法规、制度规范有效衔接，发挥文物和文化资源综合效应。

立足我国文化遗产保护现实需求和发展阶段，科学确定国家文化公园空间布局。将创新体制和完善机制放在优先位置，做好体制机制改革过程中的衔接，成熟一个设立一个，有步骤、分阶段推进国家文化公园建设。充分考虑地域广泛性和文化多样性、资源差异性，实行差别化政策措施。有统有分、有主有次，分级管理、地方为主，最大限度调动各方积极性，实现共建共赢。

第三节　建设方向

一、建设目标

建成具有中国特色的以国家文化公园为主体的文化遗产保护地体系，推动各类文化遗产保护地科学设置，建立国家文化公园系统保护的新体制新机制新模式，建设健康稳定高效的文化遗产保护传承利用系统，为维护国家文化安全和实现经济社会可持续发展筑牢基石，为建设富强民主文明和谐美丽的社会主义现代化强国奠定文化根基。

长城、大运河、长征国家文化公园建设，计划用4年时间，到2023年底基本完成，其中长城河北段、大运河江苏段、长征贵州段作为重点建设区于2021年底前完成。同时，我们也应尽快启动和推进黄河、长江国家文化公园建设。

---

[1] 文化和旅游部资源开发司：《长城文化和旅游融合发展专项规划》，2022-04-27。

二、实现路径

（一）保持地缘文化特色，塑造统一品牌形象

依托长城、大运河、长征、黄河、长江等国际级的文化资源，全力推进国家文化公园建设，打造世界级文化旅游产品，使其成为传承和发扬优秀中国文化，吸引和影响国际旅游市场的重要载体。

1. 优先推动国家文化公园建设，打造精品，形成示范

挖掘能够突出代表中国特色的文化资源，以国际视野面向国际，按照国际品位、国际品质的要求，高水平推进重大工程、重大项目建设，构建国家文化公园管理机制，强化国际化旅游推广，打造国家文化公园典范，设计出吸引国际游客的重要标志性产品。

2. 推动国家文化公园融入国际环境

在全球一体化的背景下，国际间经贸交流、旅游交往、文化互动日益密切，国际旅游成为当今全球旅游业发展的主旋律。推进国家文化公园建设，既要充分凸显中国文化特色和底蕴，也应该按照建设国际旅游目的地的标准和要求，大力推进线路组织和目的地对外开放，加强国际旅游宣传推广，完善国际旅游入出境政策，优化国际旅游消费环境，拓展国际旅游消费空间，创新国际旅游交流平台，全面提升国家文化公园的国际化水平。

3. 塑造和培育国家文化公园的高端旅游品牌

塑造品牌是提升国际旅游吸引力、增强旅游市场竞争力的重要手段，是促进国际旅游目的地建设、推动中国文化走向世界的重要驱动力。打造国家文化公园，必须依托具有世界意义和品牌价值的中国文化代表性资源，构建层次清晰、主题明确、推广有力的国际旅游目的地品牌体系，以国际化品牌引领国家文化公园迈向国际舞台。

4. 持续开展对国家文化公园的国际化推广

深刻领会习近平总书记关于国家文化公园建设的重要论述、重要指示批示精神，切实增强责任感、使命感，将其建设成为传承中华文明的历史文化长

廊、凝聚中国力量的共同精神家园、提升人民生活品质的文旅体验空间。要从国家层面入手，全面融入国家战略，大力推进长城、大运河、长征、黄河、长江等国家文化公园的国际化传播。

5. 建立多层次国家文化公园建设投资体系

研究、探索、建立"以政府补贴为主导、其他社会投资为补充"的多层次国家文化公园财政体制。推出政府专项债券，助力国家文化公园建设，对公益性强的重点文化和旅游项目，优先予以扶持。对于国家文化公园独有的历史和文化"IP"，可以通过特许经营、合作经营等方式，开发文化创意产品和衍生品，增强国家文化公园的文化影响力和吸引力。

（二）突破地理区划限制，构建统一管理机制

构建中央统筹、省负总责、分级管理、分段负责的工作格局。强化顶层设计、跨区域统筹协调，在政策、资金等方面为地方创造条件。发挥部门职能优势，整合资源形成合力。健全工作协同与信息共享机制，分省设立管理区，省级党委和政府承担主体责任，加强资源整合和统筹协调，承上启下开展建设。[①]

1. 科学制定文化遗产保护地范围

科学制定文化遗产保护地范围和区划调整办法，依规开展调整工作。合理划定文化遗产地规划保护范围，努力实现各文化遗产地在其规划边界内管理权责的统一，逐步建立相应的运行机制和有效的协调机制，明确和平衡各利益相关方之间的权利、责任和义务，促进文化遗产地事业健康发展。[②]

2. 统一管理文化遗产保护地

理顺现有各类文化遗产保护地管理职能，提出文化遗产保护地设立、晋（降）级、调整和退出规则，制定文化遗产保护地政策、制度和标准规范，实行全过程统一管理。建立统一调查监测体系，建设智慧文化遗产保护地，制订以文化保护和传承利用为核心的考核评估指标体系和办法。

---

① 中共中央办公厅、国务院办公厅：《长城、大运河、长征国家文化公园建设方案》，2019-12-05。

② 国务院办公厅：《"十四五"文物保护和科技创新规划》，2021-11-08。

3. 分级行使文化遗产保护地管理职责

结合文化和遗产资源资产管理体制改革，构建文化遗产保护地分级管理体制。按照文化资源重要程度，将国家文化公园等文化遗产保护地分为中央直接管理、中央地方共同管理和地方管理三类，实行分级设立、分级管理。中央直接管理和中央地方共同管理的文化遗产保护地由国家批准设立；地方管理的文化遗产保护地由省级政府批准设立，管理主体由省级政府确定。探索公益治理、社区治理、共同治理等保护方式。

4. 推进中华文明标识体系建设

建设长城、大运河、长征、黄河、长江等国家文化公园，应推进文物和文化遗产保护利用，强化区域文物系统保护，加强文物合理利用的协同创新，以主题明确、内涵清晰、影响突出的系列文物资源为主线，集中打造中华文明重要标识。依托全国重点文物保护单位、世界遗产等，推介国家文化地标和精神标识，试点推广国家文化遗产线路，促进文物保护研究与文化阐释传播。[1]

5. 健全监督检查工作机制

定期对重大事项和重点工程进行跟踪评估，及时总结评估规划实施情况，对重点事项进行专项督导，发现重大问题及时报告。沿线省（区、市）要健全监督检查工作机制，定期开展自查，及时反映重大进展、重大问题和意见建议。加强对长城等国家文化公园建设的统一指导和统筹协调，相关行业主管部门要加强对各地本行业的指导与跟踪，把困难和问题弄清楚，把做法和经验总结好。[2]

（三）尊重地域发展差异，力求统一服务标准

1. 实施差别化保护管理方式

编制国家文化公园总体规划及专项规划，合理确定国家文化公园空间布局，明确发展目标和任务，做好与相关规划的衔接。按照文化遗产资源特征和

---

① 国务院办公厅：《"十四五"文物保护和科技创新规划》，2021-11-08。
② 中共中央办公厅、国务院办公厅：《关于建立以国家公园为主体的自然保护地体系的指导意见》，2019-06-26。

管理目标,合理划定功能分区,实行差别化保护管理。重点保护区域内居民,逐步实施移民搬迁;集体土地在充分征求其所有权人、承包权人意见基础上,优先通过租赁、置换等方式规范流转,由国家文化公园管理机构统一管理。其他区域内居民根据实际情况,实施移民搬迁或实行相对集中居住,集体土地可通过合作协议等方式实现统一有效管理。探索协议保护等多元化保护模式。[①]

2. 探索全民共享机制

在保护的前提下,在文化遗产保护地控制区内划定适当区域开展文化教育、休闲娱乐、科学研究等活动,构建高品质、多样化的文化产品体系。完善公共服务设施,提升公共服务功能。扶持和规范原住居民从事文化友好型经营活动,践行公民文明行为规范,支持和传承传统文化及人地和谐的文化产业模式。推行参与式社区管理,按照文化保护需求设立专职管护岗位并优先安排原住居民。建立志愿者服务体系,健全文化遗产保护地社会捐赠制度,激励企业、社会组织和个人参与文化遗产保护地之文化遗产保护、建设与发展。

3. 建立统一管理机构

整合相关文化遗产保护地的管理职能,结合文化资产管理体制、文化遗产保护体制、文化遗产动态监管机制,由一个部门统一行使国家文化公园遗产保护地管理职责。

国家文化公园设立后整合、组建统一的管理机构,履行国家文化公园范围内的文化遗产保护、文物资产管理、特许经营管理、社会参与管理、宣传推介等职责,负责协调与当地政府及周边社区关系。可根据实际需要,授权国家文化公园管理机构履行国家文化公园范围内必要的文化资源综合执法职责。

4. 加强管理机构和队伍建设

文化遗产保护地管理机构会同有关部门承担文化遗产保护和利用、文化资源资产管理、特许经营、社会参与和科研宣教等职责,当地政府承担文化遗

---

① 中共中央办公厅、国务院办公厅:《建立国家公园体制总体方案》,2017-09-26。

产保护地内经济发展、社会管理、公共服务、防灾减灾、市场监管等职责。按照优化、协同、高效的原则,制定文化遗产保护地机构设置、职责配置、人员编制管理办法,探索文化遗产保护地的管理模式。适当放宽艰苦地区文化遗产保护地专业技术职务评聘条件,建设高素质专业化队伍和科技人才团队。引进文化遗产保护地建设和发展急需的管理和技术人才。通过互联网等现代化、高科技教学手段,积极开展岗位业务培训,实现文化遗产保护地管理机构工作人员继续教育全覆盖。

(四)完善相关制度体系,强化文化资源保护与传承

1. 完善法律法规体系

加快推进文化遗产保护地相关法律法规和制度建设,加大法律法规立改废释工作力度。修改完善文化遗产保护区条例,突出以国家文化公园保护为主要内容,制定出台文化遗产保护地法,推出各类国家文化公园的相关管理规定。在文化遗产保护地相关法律、行政法规制定或修订前,文化遗产保护地改革措施需要突破现行法律、行政法规的规定,要按程序报批,取得授权后施行。

2. 编制建设保护规划

相关省份对辖区内文物和文化资源进行系统摸底,分别编制各省份规划建议。中央有关部门对省份规划建议进行严格审核,结合《长城保护规划》《大运河文化保护传承利用规划纲要》和《水运发展规划》《长征文化线路前期规划》等成果,按照多规合一要求,结合国土空间规划,分别编制长城、大运河、长征、黄河、长江国家文化公园建设保护规划。相关省份对前期规划建议进行修订完善,形成区域规划。

3. 实施文物和文化资源保护、传承、利用、协调推进基础工程

充分发挥地方党委和政府主体作用,围绕文物和文化资源保护、传承、利用,协调推进目标,系统推进重点基础工程建设。

(1)保护传承工程。实施重大修缮保护项目,对濒危损毁文物进行抢救性保护,对重点文物进行预防性、主动性保护。完善集中连片保护措施,加大

管控力度，严防不恰当开发和过度商业化。结合抢救性保护，合理推进恢复部分大运河航段航运功能。严格执行文物保护督察制度，强化各级政府主体责任。提高传承活力，分级分类建设完善爱国主义教育基地和博物馆、纪念馆、陈列馆、展览馆等展示体系，建设完善一批教育培训基地、社会实践基地、研学旅行基地等。利用重大纪念日和传统节庆日组织形式多样的主题活动，因地制宜开展宣传教育，开发乡土教育特色资源，鼓励有条件的地方打造实景演出，让长城文化、大运河文化、长征精神、黄河文化、长江文化融入群众生活。

（2）研究发掘工程。加强长城文化、大运河文化、长征精神、黄河文化、长江文化系统研究，突出"万里长城""千年运河""两万五千里长征"的整体辨识度。加大国家社科基金等支持力度，构建与国家文化公园建设相适应的理论体系和话语体系。

（3）环境配套工程。修复空间环境，发挥自然生态系统修复治理和水土流失治理、水污染防治项目的作用，加强城乡综合整治，维护人文自然风貌。以《全国红色旅游公路规划（2017—2020年）》等为依托，打通"断头路"，改善旅游路，贯通重要节点，强化与机场、车站、码头等衔接。推进步道、自行车道和风景道建设，打造融交通、文化、体验、游憩于一体的复合廊道。完善游客集散、导览导游、休憩健身、旅游厕所等公共设施，安全、消防、医疗、救援等应急设施，科研、会展等公益设施，宾馆、酒店和文化消费等必要商业设施，推进绿色能源使用，健全标准化服务体系。推出国家文化公园形象标志，串珠成线、连线成片，打造广为人知的视觉形象识别系统。

（4）文旅融合工程。对优质文化旅游资源推进一体化开发，打造一批文旅示范区，培育一批有竞争力的文旅企业。科学规划文化旅游产品，在长城周边以"塞上风光"为特色发展生态文化游，在大运河淮扬片区以"运河水韵"为特色发展水上观光和滨水休闲游，在长征沿线以"重走长征路"为特色发展深度体验游和红色研学旅行等。推动开发文化旅游商品，扩大文化供给。推出参观游览联程联运经典线路，推动组建文旅联盟，开展整体品牌塑造和营销推介。

（5）数字再现工程。加强数字基础设施建设，逐步实现主题展示区无线网络和第五代移动通信网络全覆盖。利用现有设施和数字资源,建设国家文化公园官方网站和数字云平台,对文物和文化资源进行数字化展示,对历史名人、诗词歌赋、典籍文献等关联信息进行实时展示,打造永不落幕的网上空间。依托国家数据共享交换平台体系,建设完善文物和文化资源数字化管理平台。

(五)以保护为前提,打造可游、可感、可知的国家文化公园

1. 构建科学有效的文化遗产机制

坚持系统整体保护,健全文化遗产保护机制,完善文物保护工程管理制度体系,发挥重点项目示范效应,提升文化遗产保护水平。

(1)强化重要文化遗产系统性保护

实施重要木结构文物建筑保护修缮工程。加强长城、大运河、长征线性文化遗产重要点段的保护修缮。实施全国重点文物保护单位、省级文物保护单位密集区域保护提升工程,整体保护文物本体和改善周边环境。实施黄河文物系统保护,加强长江文物和文化遗产保护,推进三峡库区文物保护利用。加强石窟寺保护管理,健全国家和区域两级石窟寺保护研究协调机制。

(2)统筹城乡文化遗产保护

保护和延续以文化遗产资源为载体的城市文脉,将文化遗产保护与老城保护、城市更新相结合,强化本体保护和风貌管控。加强历史文化名城名镇名村、历史文化街区、风景名胜区中的文化遗产利用,完善相关审批、保护管理、检查通报、考核整改、濒危撤销机制。加大对全国重点文化遗产保护单位、省级文化遗产保护单位集中成片的传统村落保护力度,推动文化遗产保护利用与公共文化设施建设、人居环境改善协调发展。持续改善低级别文化遗产的保存状况。

(3)加强文化遗产保护工程监督管理

完善对存在重大险情、重大隐患的文化遗产保护单位开展抢救性保护的机制。实施研究性文化遗产保护项目,发布技术规程,支持文物建筑修缮传统材料生产、营造技艺传承。完善文化遗产保护工程勘察设计、施工、监理等管

理制度。重点在石窟寺、彩塑壁画等领域探索实施文化遗产保护工程设计施工一体化。建设国家级文化遗产保护工程中心和文化遗产保护工程全流程管理网上平台，培育文化遗产保护工程质量监督机构。

（4）提高预防性保护能力

编制不可移动文化遗产预防性保护导则，按文化遗产保护单位、保存文化遗产特别丰富的市、县、省域三个层级开展常态化、标准化预防性保护，基本实现全国重点文化遗产保护单位从抢救性保护到预防性保护的转变。培育预防性保护工作机构，支持有能力的科研机构参与预防性保护。

2. 打造可游、可感、可知的国家文化公园

长城、大运河、长征沿线一系列主题明确、内涵清晰、影响突出的文物和文化资源承载了长城、大运河、长征的历史、文化与精神，是弘扬革命传统和革命文化、加强社会主义精神文明建设、激发爱国热情、振奋民族精神的鲜活载体。整合长城、大运河、长征沿线具有突出意义、重要影响、重大主题的文物和文化资源，对于充分用好文化遗产资源，发扬中华民族优秀传统，具有重大而深远的意义。

应根据文物和文化资源的整体布局、禀赋差异及周边人居环境、自然条件、配套设施等情况，结合国土空间规划，重点建设管控保护、主题展示、文旅融合、传统利用4类主体功能区。

（1）管控保护区。由文物保护单位保护范围、世界文化遗产区及新发现发掘文物遗存临时保护区组成，对文物本体及环境实施严格保护和管控，对濒危文物实施封闭管理，建设保护第一、传承优先的样板区。

（2）主题展示区。包括核心展示园、集中展示带、特色展示点3种形态。核心展示园由开放参观游览、地理位置和交通条件相对便利的国家级文物和文化资源及周边区域组成，是参观游览和文化体验的主体区。集中展示带以核心展示园为基点，以相应的省、市、县级文物资源为分支，汇集形成文化载体密集地带，实现整体保护利用和系统开发提升。特色展示点布局分散，但具有特殊文化意义和体验价值，可满足分众化参观游览体验。

（3）文旅融合区。由主题展示区及其周边就近就便和可看可览的历史文化、自然生态、现代文旅优质资源组成，重点利用文物和文化资源外溢辐射效应，建设文化旅游深度融合发展示范区。

（4）传统利用区。城乡居民和企事业单位、社团组织的传统生活生产区域，合理保存传统文化生态，适度发展文化旅游、特色生态产业，适当控制生产经营活动，逐步疏导不符合建设规划要求的设施、项目等。

第四章

国家文化公园遗产活态保护与利用主要模式

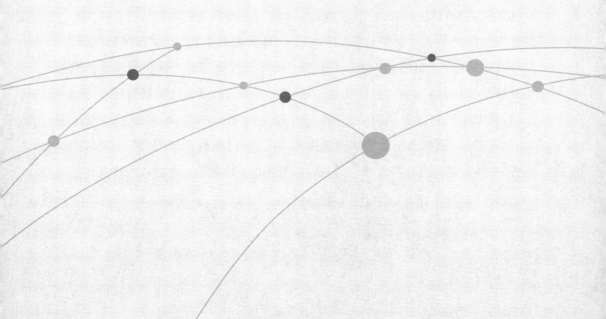

　　国家文化公园是整合了具有代表意义的历史文化资源、遗产和自然资源，以保护利用、文化教育、公共服务、旅游观光、休闲娱乐、科学研究为主要功能，实行公园化管理，具有特定开放空间的公共文化载体。国家文化公园涵盖的遗产类型复杂多元，包括物质文化遗产、非物质文化遗产以及遗产背景环境和遗产所属群体生活空间。相比较而言，长城、大运河、长征、黄河、长江等国家文化公园的建设过程中，对活态遗产的关注度快速提升。活态遗产是指既具有作为历史文化见证功能，又具有现实使用功能的遗产。随着时代的变化，其功能又不断发生变迁，只有采取活态保护方式才可以将此类遗产不断传承与发展下去。

第一节　线性文化遗产活态保护与利用模式借鉴

一、线性文化遗产与国家文化公园的关系

　　线性文化遗产一般指在条带状或线状空间里，存在大量历史文化资源，将多个原本无关的城市和村镇相互连接，最终形成的链条状的物质与非物质文化遗产集合。[1]国际上针对线性遗产的关注和研究起步较早，且在保护、管理和利用方面有了丰富的理论和实践经验。国际上对线性遗产保护的理念大致可分为"文化线路"[2]和"遗产廊道"[3]两类，前者以历史文化挖掘与保护为核心，后者则注重打造景观和游憩功能，并涵盖了铁路遗产、运河遗产、文化景观、考古遗址、宗教朝圣等多种遗产类型。中国的线性遗产研究开始时间较国外晚。中国学者在引进国外理论的同时结合中国实际情况，强调从线性文化遗

---

[1]　单霁翔：《大型线性文化遗产保护初论：突破与压力》，《南方文物》2006年第3期。

[2]　1994年11月，在西班牙马德里召开了以"线路，作为我们文化遗产的组成部分"为主题的专家会议，形成了文化线路研究的基础，标志着文化线路作为一种遗产保护理念基本形成。

[3]　1984年，美国国会立法指定伊利诺伊和密歇根运河为国家遗产廊道，这标志着遗产廊道概念的确立。

产中寻求文化认同感，主要是围绕大运河、长城、丝绸之路、黄河等彰显民族身份、文化认同性高的线性文化遗产展开研究，对中国线性文化遗产的保护开发和科学利用产生了积极作用。我国线性文化遗产具有时空跨度大、文化景观多样、功能持久的特点，真实再现了中国历史上人类活动的轨迹，物质和非物质文化的交流互动。

大型线性文化遗产是我国国家文化公园的主要载体，以其极强的串并能力，把分布在不同场域的文化遗产及周边资源组织起来。之所以选择长城、大运河、长征、黄河和长江进行国家文化公园建设，不仅因为它们本身是包含沿线多元文化、自然景观的大型遗产集群，而且还是贯通古今，最能彰显中华民族气魄与智慧、最深厚的民族文化根源、最具代表性的中国故事篇章。线性文化遗产本身就是一个宏大的IP，以线性文化空间为主轴彰显出中华文明的脉络，展现了中华文明数千年的延续和演化，蕴含着中华民族千百年来存亡绝续的文化基因和精神密码。

国家文化公园理念在线性文化遗产上得到最大体现。国家文化公园是在国家公园和文化遗产两大知识谱系上的创新，目的是推动国家资源向"国家象征"转化，打造国家文化重要标志，坚定国家文化自信，增强国民文化认同，在实现伟大复兴道路上唤醒民族之魂、深挖民族之根。国家文化公园在"生活共同体"（地域性文化圈）基础上，依靠线性文化遗产的文化联通性，凝聚不同地域或不同族群的价值共识，形成"价值共同体"，再通过遗产教育和遗产旅游实现价值引领和价值共享，在遗产命运、民族命运与国家命运之间建立密切关联。国家文化公园是根植于我国政治、文化、社会现实环境的大型遗产保护与利用的创新举措，是作为遗产保护模式和文化展示方式的创新。

纵观近百年文化遗产保护国际法规的发展和演变历程，保护和利用的关系不断动态变化，这种变化体现在对"利用"的认知转变上。国际社会上，"阐释"一词在文化遗产地保护理念中逐渐占据主流，利用、保护不再拘泥于简单的展示与改造利用，任何有利于提高公众保护意识和理解的活动都被视为对遗产的利用，也就是我们所追求的"活态"利用。特别是欧洲国家，其文化线路领域的理论和实践均走在世界前列,在遗产资源整合和可持续发展方面取得了显著成效,为我国建设国家文化公园提供了借鉴经验。

二、国际线性遗产活态保护与利用模式

(一)罗马帝国掠影——英国哈德良长城

英国拥有大量世界遗产,在长期的文化遗产保护工作中探索出许多宝贵的经验。哈德良长城始建于公元122年,横跨不列颠岛东西海岸,全长约118公里,是古罗马帝国修筑在英格兰北部边境的通信和防御工事。哈德良长城现存本体包括城墙、堡垒、塔楼、炮塔和军营基地等遗址遗迹。1987年,哈德良城墙作为罗马帝国边疆建筑的组成部分,被确立为世界文化遗产。哈德良长城既是边界,也是军民文化交流的地方,既是罗马帝国防御工程技术发展的典范,也是其地缘政治战略的见证。英国哈德良长城在对遗产的阐释方面表现出色,主要体现在以下方面。

1. "多功能综合利用"模式促进研、学、游有效结合

哈德良长城遗址沿线的本体建筑几乎不采用重建的方式进行展示,更多是采用原状展示、考古现场展示两种方式。[①]这两种展示方式在保护遗址现场不被破坏的情况下,不仅能更直观地向参观者传递原真的遗址历史面貌,而且通过考古现场出土的文物和考古工具的展示可以吸引社会公众参与考古体验活动,既达到了普及考古知识、加深游客对遗产认识的目的,又能促进考古学术研究,从而更好地向公众阐释遗产。这是一个相互促进的动态行为。

哈德良长城沿线的自然风景也是多种多样,包括丘陵、荒野和森林等。诺森伯兰国家公园管理局、英国遗产部等管理机构于2003年提出了哈德良长城国家步道(Hadrian's Wall National Trail)策略,充分利用了哈德良长城沿线丰富的考古学遗产和地理优势,适应日益增长的旅游发展需求,让游客在骑行、步行的休闲活动中体验历史与自然。如今哈德良长城国家步道已经成为古罗马

---

① 李金蔓、闫金强:《世界文化遗产阐释与展示的启示——以哈德良长城为例》,《遗产与保护研究》2018年第9期,第129—135页。

文化爱好者最喜爱的徒步路线之一。

此外,哈德良长城每年都会不定期举办一些主题活动,通过一系列场景再现、游行表演和参与体验的方式再现古罗马军事文化,例如,开展关于"如何成为一名罗马士兵""罗马鹰猎"等主题体验活动。

2. "串联式博物馆"模式实现主题阐释兼具游客引导功能

哈德良长城沿线城市通过建设各种类型博物馆进行文物、历史以及各种专题性展示,同时也鼓励采用虚拟重建的方式,利用计算机技术对一些遗址点进行虚拟重建展示,例如,在豪塞斯特兹遗址博物馆(Housesteads Roman Fort and Museum)和罗马军队博物馆(Roman Army Museum)通过3D影片《鹰眼》的方式向广大游客展示遗址虚拟复原后的整体结构。

哈德良长城为了避免遗址沿线各点的展示内容雷同,利用沿线多处博物馆,基于长城背后的历史故事进行分段特色主题展示,形成了一个各段独立完整又循序递进的游览线路。这种结构既有利于遗产地各种资源的整合规划,又可以引导游客去到多个地方欣赏和理解哈德良长城的整体风貌,达到疏散游客,避免热点聚集和营造沉浸体验的双重目的。例如,在2017年的哈德良骑兵展中,长城沿线的各遗址点和博物馆各自承担展览的一部分,游客需要走完全程才能看到骑兵展的全貌,延长了游客的停留时间和体验趣味。[1]

无论是对于遗址本体的功能利用,还是博物馆展示,都是从遗产本身属性出发,融合科普教育、体育健身和休闲娱乐等各种现实功能,从而实现遗产保护研究和旅游开发利用的动态良性发展。

(二)和谐美典范——法国米迪运河

法国米迪运河(Canal du Midi),又称双海运河(Canal des Deux-Mers),始建于1666年,总长360千米,地处欧洲大陆阿尔卑斯山与西班牙高原间,沿线散布着众多中世纪的小镇、教堂,还有远古洞穴遗址和大片葡萄园。米迪运河承担了连接地中海和大西洋的水运功能,是世界上第一个修建隧道的人工运

---

① 汉佛瑞·维尔法、张依萌、于冰:《哈德良长城保护与战略管理》,《中国文化遗产》2018年第3期。

河，并且巧妙地与周边环境融为一体，创造了工业时代土木工程建筑奇迹，并于1996年成为全球首条被列入《世界文化遗产名录》的运河。[①]米迪运河自建成以来为运河沿岸的经济发展作出了巨大贡献，直至19世纪由于铁路交通的兴起而逐渐丧失其优势直至被停用。但米迪运河依托沿河建筑和文化遗产价值成功转型，成为备受喜爱的文化旅游胜地，并为民众的运动健身提供了空间。[②]

1. "线性遗产"与"景观遗产"协同发展

法国政府主张开发运河要坚持"线性遗产"和"景观遗产"协同发展，将米迪运河打造成"线面成网"的旅游胜地。

如今以"沿河水路游"为代表的运河游线路是沿岸城市重要的经济来源。以运河游线路为依托，米迪运河还发展了多种主题、各具特色的旅游线路，提倡在开发运河旅游的同时也开发临近的旅游点。例如，将沿线城镇打造成文化旅游胜地，增设圣·费亥沃勒水库和马尔帕斯隧道等旅游景点，成立运河档案馆和运河博物馆，开展"运河与葡萄酒""运河与清洁派教古堡"等主题活动，把运河的线性扩展成面，并且强调这些景点的环境、风格要与运河遗产的气质相符，保持整体性。此外，米迪运河还通过开通绿道、远足路线等吸引游客注意力，延长游客的旅行时间；建立自行车道和游船码头，完善运河和中心城镇的水路对接，提高了游客进入城镇游览的便利性。法国米迪运河的协同发展模式既让古老的运河流淌着和谐美，也带动了沿线的遗产保护和开发工作。

2. "旅游+节事"活动

米迪运河如今之所以能够继续滋养沿岸城市和人民，一方面是因为运河河道的保存与维护工作做得比较好，仍具有极大的旅游观光价值；另一方面是因为沿岸城市大多是具有悠久历史和文化的老城，经常举办展览、艺术节、戏剧节等活动，带动了运河旅游业以及沿线城市经济文化的发展。

卡尔卡松就是坐落于米迪运河沿岸的一座历史文化名城。每年6至8月，这

---

① 万婷婷、王元：《法国米迪运河遗产保护管理解析——兼论中国大运河申遗与保护管理的几点建议》，《中国名城》2011年第7期。
② 马千里：《融入当代生活的法国米迪运河》，《中国社会科学报》，2021年5月24日。

里都会举行卡尔卡松艺术节。各种戏剧、歌剧、音乐会、马戏团表演等艺术活动在运河沿岸举行，吸引了大量游客。旅游旺季时，一些沿岸小镇还会举行葡萄酒节、美食节等，充分发挥该地区的产业优势，吸引国内和国际游客参加。

除此之外，在米迪运河边也会经常举办一些公益性活动，包括公益长跑、展览、图书出版发行和学术研讨等活动。参加这些活动需要交纳一定的费用，而这些费用将全部用于米迪运河的维护和开发。米迪运河就在这一场场盛会中，提高了其作为著名世界线性文化遗产的声誉。

（三）活力转型——加拿大里多运河

加拿大里多运河（Rideau Canal）始建于1812年，它北起渥太华河，南接安大略湖金斯顿港，全长202公里，沿途包括47个水闸和52个水坝，是连接渥太华河与安大略湖的重要战略及商业通道。与法国米迪运河不同的是，里多运河至今仍然保持着良好的水运能力，运河设施也都还保持着170多年前的风貌。2007年，里多运河因是北美保存最完好的一条静水运河，也是唯一一条可以追溯到19世纪北美大运河建设时代、仍然按原河道作业、大部分原始结构完好无损的运河，被联合国教科文组织列入世界遗产名录。现在的里多运河不但是一个历史遗迹，也是可供人们四季观赏娱乐的场所。[①]

1. 里多文化遗产廊道盘活沿线区域历史、文化、教育、经济、旅游的活力与潜力

里多文化遗产廊道由艺术、人类遗产、农业和工业遗产、自然历史和美食五个产品群组构成。里多运河穿过廊道的三个区域，在每个区域内，以上五种类型产品分别占据着不同的地位，即"主导地位""支持地位"和"维持地位"，从而营造了一个凝聚该区域特色元素的旅游场所。[②]里多运河不仅是一个户外天堂，也是世界上最具风景和历史意义的水道之一。在金斯顿和渥太华之间，里多运河由一系列美丽的湖泊、河流和运河断面组成，中间点缀着较小

---

① 敖迪、李永乐：《加拿大里多运河文化遗产保护管理体系研究及启示》，《齐齐哈尔大学学报（哲学社会科学版）》2018年第6期。

② 田德新、周逸灵：《加拿大里多运河文化旅游管理模式探究》，《当代旅游》2021年第1期。

的社区和历史悠久的船闸站，游客可以在史密斯瀑布游客中心停留，了解这条水道的历史文化，或者利用水上商业运营商提供的有导游的游艇观光游览。

在开展水上旅游的同时，里多运河还在沿线城镇、村庄、主要景点之间设计了长达300公里的骑行道和步道，使得周边易于露营的土地成为游客与运河互动的重要场所。并且，这些景区利用丰富的文物遗存，展示各种物质和非物质文化遗产，增强运河旅游的参与性和趣味性。例如，加拿大公园管理局与非营利性组织在历史悠久的运河建筑中合作运营博物馆，包括拜敦博物馆（Bytown Museum）、梅里克维尔积木博物馆（Merrickville Blockhouse Museum）和查菲锁匠之家博物馆（Chaffey's Lockmaster's House Museum）。

全盘谋划、打包推销的一揽子生态旅游项目，将春、夏、秋三季的里多运河打造成为观光游览、划船、露营、钓鱼、骑行的休闲旅游胜地。里多文化遗产廊道项目从运河景观的多样性、功能的变化性、线路的整体性、环境的协调性、文化的融合性等多个方面推动里多运河的保护、开发、利用与管理，实现了运河在新时期功能的合理演替，推动了运河沿线区域生产、生活和生态的三位一体发展。

2. "旅游+冰雪"特色主题活动

里多运河是一系列重要活动和庆祝活动的场所。例如，冬季的里多运河摇身一变成为爱好滑冰者的天堂，依然热闹非凡。"在里多运河溜冰场中滑冰"存在于每一位前往渥太华的游客的愿望清单中，这也是渥太华的标志性体验之一。加拿大国家首都委员会将从渥太华船闸（Ottawa Locks）到哈特威尔斯船闸（Hartwells Locks）之间长达7.8公里的运河河段改造成世界上最大的户外滑冰场。滑冰场24小时全天候免费，并且在冰上沿线设有暖房、洗手间、小食站等人性化配套设施供游客们使用，极大提高了冰上活动的便利性。渥太华市每年会于2月中旬举办冬庆节。该节日庆典活动围绕冰雪主题开展，包括冰上龙舟赛、冰上曲棍球、冰雕艺术挑战赛等。冬庆节会持续将近3周，至今已举办了39届。这一庆典活动有效利用了加拿大天然的地理优势，成功打造了里多运河的旅游品牌。

（四）与圣徒同行——西班牙圣地亚哥德孔波斯特拉朝圣之路

圣地亚哥德孔波斯特拉朝圣路线：法国和西班牙北部路线（Routes of Santiago de Compostela: Camino Frances and Routes of Northern Spain），是一条从欧洲不同城市通向基督教圣地圣地亚哥的一条宗教文化线路。自中世纪以来，圣地亚哥朝圣之路因其对伊比利亚半岛和欧洲文化发展的重要作用和沿线保存完整的建筑和中世纪艺术等文化资源，于1993年12月被列入世界文化遗产名录。朝圣者从欧洲各地区前往圣地亚哥，逐渐形成了如今复杂的朝圣路网，并在此过程中发展成为集宗教、文化、旅游、探险等多位一体的路线。

1. 构建文化符号体系实现精神引领，提升在途者获得感

圣地亚哥朝圣之路在西班牙和法国政府的联合管理下已经成为一个成熟的旅游产品。西、法两国早在申遗之前就尤其注重线路中符号标识系统的构建，引导在途者产生强烈的精神共鸣。这也是这条朝圣之路经久不衰的秘密所在。由于早期的朝圣者需从海边带回一枚贝壳，以此证明他们到达过圣地亚哥，因此无论是在城市道路的拐角还是荒野路旁的石碑旁，朝圣者与旅游者都可以在不经意间发现这些贝壳标志的路标，能够极大提升线路的趣味性和游客的获得感。官方利用"圣雅各贝"这一文化符号，通过一系列标识系统的设计弱化其宗教属性，扩大其在遗产旅游中的影响力，从而达到旅游宣传的目的，同时也带动了沿途以"圣雅各贝"纪念品贩售为主的商业发展，再次实现贝壳这一文化符号的身份转变。

2. "通关文牒"打卡模式，增强在途仪式感

自助游是圣地亚哥朝圣之路的主要方式。想要完成朝圣之路，通常要花上半个月乃至一个月的时间。为满足游客在漫长的旅途中的生活、文化需求，西班牙政府出版了大量精美实用的旅行指南，有徒步、自驾、骑马等多种版本，涵盖了食、住、行、游、购、娱全方面的内容，与沿途各地1800多处遗产遗址配套，有效激发游客的主动性和积极性。另外，为延长游客的在途游览时间，当地还设计了一整套旅游纪念签章系统。这一方式既继承了古代朝圣者每到一个关口需要签证的传统，又满足了现代旅行者猎奇、征服的心理。这一"通关打卡"模

式的研发，激发了在途者的兴趣和信心，同时也为旅游消费提供了更多机会。

3. "遗""产"融合给旧文化注入新活力，"特色小镇"打造多磁极引力网络

住宿是旅游业最重要的收入来源，朝圣之路也不例外，而且住宿已成为文化体验的一部分。朝圣之路上的很多酒店刻意选取与朝圣者沾边的老建筑进行改造，营造出一种入住酒店就是在与朝圣者同行的感觉。朝圣之路沿途不仅有价格低廉的朝圣者"专属"旅馆，还有依托于古老教堂，装潢精致的主题酒店。例如，天主教君住酒店（Hostal de los Reyes Católicos），教堂建于1499年，最初用于收留在圣地亚哥街头露宿的朝圣者，后来变为国营酒店。

朝圣之路沿途所经城镇繁多，这些小镇都纷纷打出自己的招牌，招揽游客，刺激消费。有的旅游小镇根据自身特色的葡萄酒产业，通过改造酒庄，延伸出品酒之旅。即使是旅游资源平庸的城镇，也可以通过打造新潮建筑，例如，西班牙北部沿海城市圣塞巴斯蒂安（San Sebastian）通过一座"世界地极"意象雕塑，圣地亚哥市通过盖伊斯山前卫建筑群"加利西亚文化城"来构造自己的亮点。

圣地亚哥德孔波斯特拉朝圣之路从区域、点、线三个层面，以更丰富的遗产元素、全局的视野和人性化的设计再现了这条文化线路的艺术感、历史感和精神内核，实现了千年朝圣之路与现代生活生产的跨时空对话，赋予了朝圣之路当代气质与活力。[①]

（五）古典与浪漫的二重奏——德国中上游莱茵河谷

莱茵河的名字源于古克尔特语Renos，意为"激流"，是欧洲第二大河。它发源于瑞士的阿尔卑斯山，全长1320公里，流经瑞士、法国、德国、奥地利等欧洲国家，在荷兰汇入北海。自古以来，莱茵河就是连接北欧和南欧的一条重要的水上通路，在各民族的文化商贸交流中有着至关重要的战略意义。

其中，莱茵河谷位于莱茵河中上游的宾根和波恩之间，虽然长度不到70公

---

① 陈怡：《西班牙圣地亚哥德孔波斯拉朝圣之路——基督教精神遗产的展示》，《中国文化遗产》2011年第6期，第102—109页。

里，但该地区拥有丰富的文化和历史。它因在运输和贸易路线中的重要性，以及多元文化，在 2002 年被列入世界遗产名录。该地区提供独特的浪漫之旅，穿越风景如画的城镇、城堡、宫殿、废墟。这里有比比皆是的艺术和文化瑰宝。

保护莱茵河国际委员会（The International Commission for the Protection of the Rhine, ICPR）致力于莱茵河的治理与保护，同时，为实现莱茵河谷的活态利用与保护，官方也采取了各类措施促进莱茵河焕发新的生机。

1. "旅游+度假"打造丰富游憩空间

莱茵河因其径流地形地貌的丰富性，形成了众多以水为主体的天然景观。官方通过连续的游憩空间布置，丰富人们在莱茵河谷区域游憩活动的多样性。[①] "旅游+度假"的有机组合构成了较为成熟的综合性旅游度假区。莱茵河中上游河谷绵延67公里，顺着河流缓缓蜿蜒而下，游船是深度体验莱茵河风光的惬意方式。从宾根出发，游客可以乘船、乘汽车、骑自行车或徒步旅行，沿途可以欣赏到河谷全景。如若通过游船出行，坐在船的顶层甲板上，可以欣赏莱茵河谷沿岸的城堡、城镇、村庄。沿线城镇中的古堡、教堂等建筑也以餐厅、旅馆、艺术馆等多种形式实现了功能转换，突破了传统观光游览的局限。

同时官方也为游客们的出行、游览活动提供便利，譬如为游客提供短、中、长距离不等的多样化的莱茵河谷旅游线路，制定远足与骑行的行为准则，并提供电动自行车充电服务等。游线上分布的众多城镇各自承担不同的功能，构成了层次分明的节点体系，避免了同质化竞争。功能体系完善的核心节点城镇不仅可作为休息点，其丰富的特色活动也增添了乐趣，比如会定期举办"莱茵河焰火节"等创新节目。

2003年至今，每年的春夏之际，这里也会举办莱茵河慢骑行环保活动，鼓励人们通过绿色骑行的方式领略莱茵河谷的美景，让人们在享受莱茵河谷绮丽风光的同时也将环保意识根植心中。通过开展多样的游览活动，这里打造了一个丰富的莱茵河谷游憩空间，推动了莱茵河谷的保护开发与活态利用。

---

① 李晋：《跨行政区游憩空间柔性一体化研究——以高莱茵河沿岸地区为例》，《中国园林》2021年第1期。

2. "特色产业园"模式助推旅游业多元发展

莱茵河谷在发展旅游业的过程中,注重同沿线地区的第一产业、第二产业和第三产业的融合发展,莱茵河谷沿岸的第一产业、第二产业活动在空间上产生了独特的建筑与景观,极大地提升了游客的游览体验。

在莱茵河岸,人们充分利用当地葡萄园种植为基础的酿酒产业,将果园与游憩相结合,形成了莱茵河谷酒庄文化主题路线,吸引了大量游客。将有特色的历史工业场所纳入莱茵河谷旅游路线中,成为国家级骑行游线(莱茵河路线)中的推荐景点,不仅可以使这些建筑的历史性特点得到保留,也可以促进莱茵河谷旅游业与当地相关产业的融合发展。

(六)慢旅游——意大利阿匹亚古道

阿匹亚古道是罗马最佳景点之一。阿匹亚古道是罗马帝国庞大道路体系的"万路之母",不仅在罗马帝国军事征服中发挥着关键作用,也在古罗马文化和商贸交流中扮演着核心角色。

为推动阿匹亚古道的活态保护,意大利采取多项措施创新改革,激发阿匹亚古道的活力。2016年,意大利政府启动"阿匹亚万路之母"计划,该计划正是意大利文化遗产推广活化改革的项目之一,旨在开拓阿匹亚古道的创新愿景,鼓励慢旅游方式,扩展意大利文化活动的多样性,同时以此为契机加强阿匹亚古道遗产本身的保护和推广。[1]与国内几乎同期推出的"大运河文化带"建设相比,"阿匹亚万路之母"计划通过统筹考古、保护、展示等措施来实现跨区域文化线路的整体保护。

此外,阿匹亚古道管理局每年都会组织"夕阳下的阿匹亚"文化节,营造节日氛围。管理局以阿匹亚古道为背景,每年7月份还会在阿匹亚古道沿线开展免费的古典音乐会、爵士音乐会、古道沿线考古遗址导览、表演河投影展示等活动,吸引游客来访。意大利文化遗产和活动部还组织开发了地理信息系统,不仅为游客服务、开发区域展示提供辅助,也为阿匹亚古道的活化保护提供了技

---

① 于冰:《文化线路整体保护挑战与实践路径——意大利阿匹亚古道与中国大运河比较研究》,《中国名城》2020年第6期。

术支撑。

（七）多功能轨道——亚特兰大环线

亚特兰大环线是亚特兰大市有史以来最全面的交通和经济发展项目，也是目前美国正在进行的规模最大、范围最广的城市更新项目。此次规划使亚特兰大环线形成了一个由多条多用途游径、交通线路以及多个公共绿地空间所组成的公共休闲走廊。亚特兰大环线现共分10段，每一段都专门进行了分区规划。环线将逐段开放，直至2030年全部完工（按预期）。当环线全部建成后，它力争将亚特兰大带入21世纪经济发展和可持续发展的轨道。

1. 依托废弃铁路创造两套线性系统

两套线性系统为城市公交系统（新增的有轨电车环线）和城市公共空间系统（即环形的城市步道和骑行道），为城市带来便利的公共交通及易达的城市公共空间。[①]

亚特兰大依托环形废弃铁路规划了有轨电车环线系统，新的环线与原有捷运线的交点处设立了三个新的换乘站点，使得乘客在BL环线上可以与城市火车系统实现便利的换乘，方便利用公共交通抵达城市商业区、南部航空港等重要功能节点。环形的步道、自行车道与有轨电车线的共同规划，则提高了公共交通的步行可达性，将利于提高沿线居民使用公共交通的概率，促进亚特兰大的城市交通系统从以私人交通为主逐渐向"步行友好型"公共交通体系转型。有轨电车的远期规划中，充分考虑了市中心公共交通网络的完善度。未来的有轨电车环线系统包括6条有轨电车路线和连接中转路线。中转路线的设置使得新的有轨电车系统融入城市交通网络，成为现有轨道交通MARTA捷运线的扩大和补充。有轨电车沿线同样规划了超过64千米的城市步行街道，连接至附近大量的社区，实现居住区与捷运站、就业中心的无缝衔接。

2. 通过绿道连接使城市公共空间复兴

环形废弃铁路空间沿线连接的生态公园、城市人口、邻里单元和教育设

---

① 代书剑、夏海山：《基于再生价值的城市废弃铁路沿线空间重构策略——亚特兰大环线对我国废弃铁路再生的启示》，《世界建筑》2020年第7期。

施,赋予了亚特兰大环线作为城市公共空间再生的潜力。亚特兰大市内大约有345个公园,其中有82个公园位于环形废弃铁路沿线800米范围内,有11个公园和环形铁路直接相连。环线再生计划将废弃铁路转变为33千米的都市环形绿带,同时结合现有的公园绿地,将实施多个公园的新建、扩建和改建计划,创造新的公园绿地和公共空间。

3. "城市旅游廊道"模式高效联动沿线文旅节点

环状铁路的"再生"不仅成为复兴当地居民城市生活的活力场所,也构成了集观光效率和特色体验于一体的城市旅游廊道系统。环形的"文化线"加强了原本一个个独立城市旅游景点之间的联系,为城市带来了更好的旅游经济效益。

三、国内线性文化遗产活态保护与利用模式

线性文化遗产是由文化线路发展而来的国际文化遗产保护领域的新兴理念,是指在拥有特殊文化资源集合的线形或带状区域内的物质和非物质的文化遗产族群,通过人类的某种目的将一些原本无关联的城镇或村庄串联起来,从而形成一条链状的文化遗存。中国作为历史悠久的文明古国,拥有丰富的线性文化遗产资源,这些大型线性文化遗产生动展现了中华民族的发展历程。

(一)近代东北城市化变迁的见证者——中东铁路

中东铁路是"中国东方铁路"的简称,是一百多年前沙俄在我国领土修筑的一条铁路,西自满洲里入境,东至绥芬河出境,横穿当时的黑龙江、吉林两省。支线北起哈尔滨,南至旅顺口,纵贯吉林和辽宁两省,在东北大地构成一个"丁"字形。中东铁路是我国少有的大尺度线性文化景观遗产,具有空间分布完整、历史演化连续、文化内容多样和遗产价值典型等特征。[①]2018年1月,入选《中国遗产保护名录》(第一批)。[②]中东铁路在对工业遗产的保护与开发方面已形成其独特的模式,主要有以下几个方面。

---

① 单霁翔:《大型线性文化遗产保护初论:突破与压力》,《南方文物》2006年第3期。
② 佟玉权:《中东铁路工业遗产的分布现状及其完整性保护》,《城市发展研究》2013年第4期。

1. "主题公园"模式，整合城市景观

哈尔滨中东铁路公园是其遗产活化利用的典型代表。公园以"轨·迹"为设计理念，以铁路与城市发展为规划主轴，以转型、重塑废弃铁路遗产为目的，坚持 "保护利用，合理转型"的原则，合理更换土地利用类型。公园保留了3座桥头堡遗址及中东铁路商务代办处，并在南区设立铁路与城市主题展览馆，北区设立中东铁路文化主题展览馆。公园以生态为主题建设了4.3公里的慢行观光线，修建2条自行车路径和1条步行游览路径，并设置了观景平台，作为步行停留空间，实现城市历史文化空间与绿色生态系统融合发展，将南北两端的铁路用地调整为城市绿地，融合休闲空间与历史文物，打造成为一条城市景观文化廊。

哈尔滨中东铁路公园已经成为哈尔滨的旅游新地标，既打造了以中东铁路为特色的文化主题公园，增加公园的游赏价值，营造具有地域特色的铁路文化公园，又赋予了城市休闲生活的新功能，实现新的价值，成为展现中东铁路文化、提升土地品质的新空间。[①]

2. "旅游综合体"整体开发，凸显特色

中东铁路沿线存有大量的工业遗产，将遗产与旅游相结合是当前遗产保护的重要手段之一。近年来，中东铁路沿线城市依托中东铁路旅游资源开发旅游文化项目，如德惠市中东铁路——俄罗斯风情旅游区概念规划项目、牡丹江市磨刀石至马桥河段中东铁路文化遗产旅游规划及服务项目、中东铁路松花江大桥博物馆、横道河子俄式风情园。内蒙古扎兰屯市建设中东铁路广场，呼伦贝尔市扎赉诺尔区利用现有的蒸汽火车头和俄式建筑群开发蒸汽博物馆。

此外，中东铁路自驾游也逐渐兴起，有哈尔滨—长春—沈阳—旅顺这种长达一周的线路，也有满洲里—哈尔滨这种短期线路。"遗产+旅游"的保护开发模式赋予了遗产独特的价值与吸引力，同时也推动了遗产的活态保护与开发利用。

---

① 高雁鹏等：《哈尔滨中东铁路公园使用满意度评价》，《中国城市林业》2018年第5期。

3. "特色小镇"，激发遗产活力

特色小镇模式有利于保护城镇中现存的工业遗产，也能够推动城镇经济快速发展。中东铁路沿线城镇承载了近代东北历史发展的进程和文化传播的脉络，具有历史性、丰富性、独特性等重要价值，是亟待重视和保护的线性文化遗产。其犹如镶嵌在线性遗产项链上的颗颗珍珠，只有将其串联起来，才能保证整条遗产的真实性和完整性。[①]

中东铁路沿线城镇数量多，形成的特色城镇也不少，包括横道河子镇、一面坡镇、扎兰屯镇、博克图镇等。以最具代表性的横道河子镇为例。作为中东铁路修建而兴的一座百年古镇，镇内拥有以中东铁路机车库、东正教堂、大白楼等国家级文物保护单位为代表的俄式建筑104处。该镇以完整保护方案成功实现了铁路建筑、基础设施和附属公共空间的全面保护。保护工作不但复原了小镇的原始风貌，更依托历史建筑、文物古迹等旅游吸引物打造了俄式风情小镇，使其作为历史城镇工业景观重新焕发了活力。[②]

（二）跨国旅游一体化的"门面"担当——海上丝绸之路

海上丝绸之路是古代中国与外国交通贸易和文化交往的海上通道。中国境内海上丝绸之路主要由广州、泉州、宁波三个主港和其他支线港组成，沿线遗产类别极为丰富。

1. "旅游+节事活动"打造知名旅游品牌

海上丝绸之路沿线地区依托海上丝绸之路丰富的文化内涵，相继开展了"丝路帆远——海上丝绸之路七省联展""跨越海洋——中国海上丝绸之路九城市文化遗产精品联展""大江之门丝路帆远——江门五邑海上丝绸之路文化展"等各类展览。

除文化展览之外，沿线城市之间还加强区域旅游合作，培育旅游品牌。如海上丝绸之路（福州）国际旅游节精心培育海丝旅游品牌，多个城市共同打造

---

① 纪明广：《扎兰屯市建起中东铁路历史文化广场》，中国红色旅游网，2014-09-28。

② 曲蒙等：《中东铁路沿线城镇规划特色与遗产价值研究——以扎兰屯、一面坡、博克图为例》，《城市建筑》2017年第18期。

海上丝绸之路旅游经济走廊和环南海旅游经济圈,设立海上丝绸之路国际艺术节,推进21世纪海上丝绸之路核心区建设。

2. 文创产品助推开发

开发文创产品是海上丝绸之路遗产保护与开发的重要手段之一。26集动画片《海上丝路之南珠宝宝》、大型历史舞剧《碧海丝路》和《沧海丝路》等影视作品以广西古代海上丝绸之路为背景,向市民和游客宣传海上丝绸之路的历史文化。

同时,推出了兼具闽南特色与时尚元素的鲤城超级城市IP"海丝家族"。"海丝家族"由"泉泉""和和""阿木""宋哥""阿宝"五个动漫形象组成,分别选取鲤鱼、福船、提线木偶、东西塔、聚宝街等泉州标志性元素,融入了开放包容的"海丝"精神与爱拼敢赢的闽南精神,形成了城市超级IP产业链闭环。

此外,部分文创产品已形成系列,如"向海而生"系列、"港通天下"系列、"海帆流彩万里风"系列、"金钩玉带入梦来"系列、"我从远古来"系列、"海上丝绸之路大航海桌游棋"系列、"花鸟纹铜镜"系列等。每一件文创产品都展示着海上丝绸之路文化的魅力。

3. "考古遗址公园"模式助推申遗工作

自2015年我国正式提出"海上丝绸之路"申遗项目以来,许多相关历史文化遗存、遗迹引起各界的重视,考古遗址公园模式应运而生。

台山海丝考古遗址公园由海丝申遗遗产点、川岛海域、广海卫城遗址三个片区共同构成,被国家文物局列入第三批国家考古遗址公园立项名单。这是广东省第一批国家考古遗址公园立项单位,也是全国第一个包含了建筑遗产、考古遗址和水下考古遗迹的综合型考古遗址。

合浦海丝文化遗址公园作为海上丝绸之路北海遗迹项目建设内容之一已建成并向公众开放。

考古遗址公园不仅对遗产进行了有效的保护,助推海上丝绸之路申遗工作的开展,同时也带动了旅游与相关产业的发展,形成了互惠互利、多元融合的新格局。

4. 特色小镇模式

海上丝绸之路中国境内沿线小镇林立,特色小镇模式成为海上丝绸之路遗产活态保护的途径之一。其中,最具特色的是合浦海丝文化小镇。它位于合浦境内南方最大的汉墓遗址核心保护区内。该镇加强文物保护,创建博物馆,突出汉代海丝文化,成为对外宣传海丝文化的重要窗口。该镇依托旅游资源,打造了广西首个海上丝绸之路遗址公园,建设合浦汉文化古街区,吸引了众多民众前来旅游休闲。

(三)"一带一路"的文化引领——陆上丝绸之路

陆上丝绸之路是连接中国腹地与欧洲诸地的陆上商业贸易通道,形成于公元前2世纪到公元1世纪间,直至16世纪仍保留使用,是一条东方与西方之间经济、政治、文化进行交流的主要道路。汉武帝派张骞出使西域的路线形成了其基本干道,它以西汉时期的长安为起点(东汉时为洛阳),经河西走廊到敦煌。2014年6月22日,中、哈、吉三国联合申报的陆上丝绸之路的东段"丝绸之路:长安—天山廊道的路网"成功申报为世界文化遗产,成为首例跨国合作而成功申遗的项目。

1. "旅游+节事活动"模式

丝绸之路沿线地区依托丝路文化,争相举办各类节事、展览活动吸引游客。丝绸之路国际旅游节通过各种主题及节会,进一步树立了"精品丝路、绚丽省会"的整体旅游形象,提升了在国内外的知名度和影响力,起到了拉动旅游经济增长的作用。为贯彻落实"丝绸之路经济带"和"21世纪海上丝绸之路"的战略构想,国家新闻出版广电总局2014年创办以海陆丝绸之路沿线国家为主体的"丝绸之路国际电影节",旨在以电影为纽带,促进丝路沿线各国文化交流与合作,传承丝路精神,弘扬丝路文化,为"一带一路"建设创造良好的人文条件。各地举办"丝绸之路周""众望同归""丝绸之路的前世今生"等专题丝路文化展,成为丝路文化宣传和利用的重要平台。

2. 文创产品推动丝路发展

IP也是丝绸之路文创产品的一大热点。如"小飞飞逛世界"是甘肃丝绸之路文化创意工场设计的一套系列产品，以敦煌壁画中的飞天形象为原型，以"小飞飞"游览丝绸之路上12个代表性城市为主要内容。"九色鹿·幻灵煌品牌IP"是甘肃丝绸之路文化创意工场的又一系列产品。九色鹿的原型取材于敦煌壁画中的鹿王本生图，由著名插画大师重新手绘，以"幻·灵·煌"三只小鹿不同的故事为主线，设计制作出书签、明信片、磁吸、手机壳、杯垫、晴雨伞等系列产品。

数款特殊主题文化IP将文化资源优势通过创新设计和现代科技转化为产业优势，高级且有趣，颠覆了传统文创产品只能看不能"玩"的特征，实现了"真实物体+虚拟物体+用户体验"无缝链接。

3. 特色小镇模式

丝绸之路历史悠久，沿线小镇数不胜数。乾陵大唐丝绸之路风情小镇就是其中的典型代表，该镇以乾陵大景区为依托，以古乾州文化为底蕴，以丝绸之路风情为特色，和正在建设中的漠谷河国家级旅游风景区一起形成历史、人文、生态三位一体的，陕西省境内规模最大，乡村古镇旅游业态最全的新型商贸旅游综合体。它规划建设具有仿唐特色的寓游、购、乐、吃、住、行为一体的旅游商贸小镇。该项目的实施，对于改善当地群众居住条件，保护乾陵生态环境，深度挖掘乾陵旅游文化内涵，提升乾陵唐文化景区影响力具有重要意义。

4. 数字化模式

随着科技的进步，数字化逐步演变成当前遗产保护与开发一大趋势。数字敦煌——线上博物馆之旅是敦煌博物馆在推出静态自助语音讲解的基础上，运用移动互联网技术制作的敦煌博物馆"数字博物馆"，敦煌博物馆"数字博物馆"包括手机版、网页版和离线版，以满足不同群体参观需求。其中，手机全景博物馆还可以在游客进入各个展区时，随着游客所在位置自动更换内容。

敦煌莫高窟壁画数字化是数字遗产领域影响较大的项目，数字化工作较有典型性——通过数字化技术最终让文化遗产活起来，传承其承载的文化内涵。壁画类遗产数字化的采集、处理、存储等关键技术的研究，壁画数字化成果价值的深入挖掘，在学术研究、数字展览和文创产品的开发等领域均有应用。

（四）古都的灵魂与脊梁——北京中轴线

北京中轴线是指北京自元大都、明清北京城以来北京城的东西对称布局建筑物的对称轴，北京市诸多其他重要建筑物亦位于此条轴线上。明清北京城的中轴线北至钟鼓楼，南至永定门，直线距离长约7.8公里。北京中轴线是一套完整的体系，通过中轴线，能够了解中国人如何通过规划布局来表达对政治理念、文化象征和生活空间的认识。目前，北京中轴线已进入世界文化遗产预备名单项目。

1. 共生院模式打造精品社区

2021年初，西城区启动了旧鼓楼大街环境品质提升项目。该项目以历史人文为底蕴，以改善整体风貌为抓手，串联起钟鼓楼、鼓西大街、地外大街和万宁桥、南锣鼓巷、什刹海，形成连点成线、聚线成片的文化探访路，助力中轴线申遗。将沿街建筑分为保留、改善、整饰、更新四类，遵循减法原则，采取"一户一方案"的策略，实施"微修缮、微整治、微更新"，秉承"公众参与、合力推进、成果共享"的理念。

东城区政府以南锣鼓巷四条胡同、前门草厂地区为示范打造了一批"共生院"，坚持"一院一策"和"一户一方案"，改善提升居住条件，实现建筑共生、居民共生、文化共生。东城通过实施街区更新、平房区直管公房申请式改善试点，探索一批"共生院"，努力打造一批精品街巷、精品街区、精品院落。[①]

2. 城市生态（森林）公园共生模式

城市生态（森林）公园是北京中轴线申遗中的一大亮点，生态环境建设是延长线发展的基本要求和重要主题。北延长线以生态文明建设为主题，南延长线定位为"生态文化发展轴"。

位于北京城中轴线北端的安德城市森林公园和南端的燕墩公园是城市生

---

① 王树淼：《北京东西城3个胡同片区已试点"共生院"》，《新京报》，2022年1月18日。

态公园的典范。安德城市森林公园建设工程和燕墩公园建设工程以"城市森林+"为主要设计理念，以高大乡土乔木为主，构建"复层、异龄、混交"的"近自然"森林景观；挖掘地域文化特点，注重"燕墩"历史古迹文化的保护与推广；建设林荫步道、休闲活动场地等，满足周边居民需求；倡导集雨型生态绿地的设计与建造，合理考虑建筑垃圾的处理与二次利用，体现节约型、生态型、循环型园林建设理念。[①]

3. 节事活动模式

依托北京中轴线开展丰富多彩的特色活动，挖掘北京中轴线故事，展示北京中轴线风采，激发中轴线的活力，助力北京中轴线申遗工作的开展。如2022年，北京市文物局中轴线申遗办策划推出"阅读中轴"系列活动，集聚全社会力量，共同挖掘北京中轴线故事，展示北京中轴线风采。

4. 数字化展现

北京中轴线数字展把北京中轴线这一独特的文化遗产推向国际舞台。北京中轴线申遗"数字中轴"项目，推出首个数字形象——北京雨燕，雨燕见证了明、清至新中国成立3段历史的变迁。

北京市通过多种渠道向社会介绍中轴线的历史与文化。例如，制作与播放相关纪录片。2014年，五集纪录片《北京中轴线》在中央电视台纪录频道播出；2020年，五集纪录片《永恒之轴》在中央电视台国际频道首播。前者以北京中轴线为切入点，以北京城市文化为叙述主轴，后者站在今天的视角，围绕不同历史时代不同都城中轴线上的人与事展开，解读北京中轴线的文化内涵及文化价值。2021年7月开播的由北京广播电视台和北京市文物局联合出品的文化综艺节目《最美中轴线》，通过为中轴线文化遗产创作歌曲的方式，搭建起中轴线与年轻观众对话的桥梁。北京中轴线的历史文化与艺术形象渐入人心。

5. 主题线路促"京味儿"远扬

北京中轴线将北京著名的景区串联起来，是经久不衰的一条旅游线路。旅

---

① 李建平：《北京中轴线及南、北延长线规划建设的思考》，《北京联合大学学报（人文社会科学版）》2019年第3期。

游推动北京中轴线发展，赋予了中轴线新的价值，激发了中轴线发展的内生动力，是政府和旅游开发商的重点关注对象。如累计推出了"艺术京脉""京味儿食足""京腔京韵""情满四合院"等主题旅游线路及多种周边文创产品。中青旅有以"中轴线"为主题的一日游产品，如"北京中轴线之故宫——深度探秘一日游之六百年宫廷秘史""北京中轴线之晨钟暮鼓——钟鼓楼+胡同家访半日游"等。

（五）中国对外推广的经典旅游线路——长江三峡

长江三峡又名峡江或大三峡，位于中国重庆市、恩施州、宜昌市地区境内的长江干流上，西起重庆市奉节县的白帝城，东至湖北省宜昌市的南津关，全长193千米，由瞿塘峡、巫峡、西陵峡组成。长江三峡被纳入国家旅游线路，国家文化和旅游部评价此线路"以峡谷景观、高峡平湖风光、大坝景观、历史文化、地域文化为主要吸引物，是中国对外推广的经典旅游线路"。

1. "旅游＋节事活动"模式

长江三峡沿线拥有丰富的历史文化和地域文化，也有独具特色的峡谷景观和大坝景观，依托于这些文化和景观，长江三峡沿线节事活动十分丰富。

"永远的三峡"研学活动于2019年开展，以三峡博物馆为起点，围绕"造化三峡""先民足迹""民居建筑""风流人物""不逝三峡"五大主题展开研究。

2. 考古遗址公园模式（遗址公园已经策划，但还未建成）

"十四五"旅游业发展规划提出，将稳步推进国家文化公园和国家公园建设，足见其重要性。在"十四五"期间，要开展第四批国家考古遗址公园的评定，计划新增10—15家国家考古遗址公园。

作为拥有丰富三峡文化的重庆，依托三峡后续工作，策划"三峡国家考古遗址公园群"项目，重点围绕峡江地区史前文化、巴文化、山水城市文化等主题文化遗产，计划投入11亿元人民币，重点建设巫山县龙骨坡、奉节县白帝城、万州区天生城、忠县皇华城、两江新区多功城、云阳县磐石城等10处考古遗址公园。此举加强了长江文化的保护传承与弘扬。

3. 特色小镇模式

长江三峡沿线小镇众多。奉节县甲高镇打造了"中国长江三峡油橄榄特色小镇"。"一米两油"抒写了脱贫攻坚优美华章，成为贫困群众脱贫致富"标签"。奉节县甲高镇努力做精雅攀贡米、做大油橄榄、做美油菜花产业，着力建设全市最大油橄榄绿色生态产业示范镇和优质粮油示范基地，带动当地经济发展。

（六）世界三大工程奇迹之——滇越铁路

1. "文化商业街区"模式展现滇越铁路历史

近年来，围绕滇越铁路的商业化运营开展得如火如荼。2014年9月，集合各方力量兴建的"百年滇越法式风情街"在昆明正式亮相运营。"百年滇越法式风情街"由政府与开发商共同主导，旨在发掘和保护历史文化，是与商业地产开发有机整合的一次尝试，成为展现滇越铁路历史，体现滇越铁路文化的"文化"景观大道和商业地块。

2. "交通+旅游"模式盘活铁路闲置资源

（1）古城观光火车旅游项目

2015年，为丰富建水古城的旅游文化内容，当地政府依托个碧石铁路建水段的铁路资源，开启了建水古城至团山的小火车项目，并对开通所需的机车、车辆、线路等设施设备进行整备和维修。开通临安、双龙桥、乡会桥和团山四个站，连接历史文化和风景名胜众多的临安和西庄两个旅游小镇。

（2）城市旅游专列

为缓解开远新老城区的公共交通压力，保护百年米轨铁路历史文化，进一步盘活铁路闲置资源，昆明局集团公司与当地政府合作——2018年7月20日，开远至大塔11.61公里的米轨铁路再次恢复运营。该段铁路定位为公交城市旅游线路，作为城市公交线路的有益补充；兼具旅游功能，途经凤凰湖生态公园、十里樱花道、南洞、百年七孔桥等景区。这为米轨铁路城市段的保护性利用再一次提供了示范。[①]

3. "影视化"模式讲述百年米轨故事

为讲述百年米轨故事,传承云南历史文化,纪录片《滇越铁路·生命的故事》历时三年,摄制组穿梭于中国云南、越南、法国等地,用镜头记录下了滇越铁路历经百年后的当代故事。六集纪录片《滇越铁路叙沧桑》从不同的角度,以珍贵翔实的影视图片、档案资料,表现了这条"不通国内通国外"的滇越铁路的起源和一百年来的沧海桑田。

今天,"一带一路"建设推动中越两国互联互通,滇越铁路不仅在经贸领域继续发挥着作用,还在云南全域文旅融合大潮中焕发新活力。

(七)多元文化共生共荣之地——藏彝走廊

1. "文化产业园区"模式展现独特文化魅力

2008年汶川地震对羌族核心聚居区造成了不可估量的损伤,同时外界对地震灾区尤其是羌族同胞的关注,也给羌族文化的传播带来了新的发展机遇,借着灾后重建的"东风",以羌族文化为主题的各类文化产业园区纷纷建立。[②]

2013年5月29日,凤县羌族文化园正式开园。园区主要建设五个板块,即沿江古建群、金沙古城、灵官峡漂流、石头羌寨、羌族风情园。羌寨位于园区西部灵官峡入口处,分为羌文化体验区、羌族商业街、索桥、大门、亚洲第一高碉楼、羌文化展览馆、羌寨民居、萨朗湖、景观瀑布等,建筑总面积达到4万平方米,是古羌文化传承和保护的核心区域。[③]

2. "多业态旅游"满足多样化旅游需求

岷江上游文化生态区位于费孝通先生所提出的"藏彝走廊"的最东端。在旅游业的大力推动下,岷江上游走廊的自然生态价值和藏羌人文价值不仅得到了很好的保护,并且得到了合理的开发、利用,以众多生态型、藏羌人文景观为特色的景区日渐走向成熟,包括地震灾区游、生态旅游、古文化遗址游在内的

---

① 刘庆、刘强:《滇越铁路旅游资源开发模式探析》,《理论学习与探索》2019年第1期。
② 李军:《国外文化遗产廊道保护经验及其对四川藏羌彝走廊建设的启示》,《四川戏剧》2014年第11期。
③ 《凤县羌族文化园正式开园》:凤县新闻网,2013-05-29。

生态旅游文化产品吸引了越来越多的游客，这让岷江上游的藏羌文化得到更大程度、更大范围的传播，从而推动了对其进行有效的、可持续的保护、传承和利用。[①]

3. 特色村镇模式发挥辐射作用

绵长的藏彝走廊沿线，涉及多个省市，分布着众多蕴含人文和自然资源的重要节点。在国家号召支持枢纽城市发挥技术、人才、资金密集优势，建设具有辐射带动效应的文化创意中心城市和游客集散中心的大背景下，沿线地区纷纷依托其当地独特的自然和人文资源，充分发挥其旅游吸引物的作用，打造了磨西镇、毕节市、理塘县藏族传统村落等一批融合汉、藏、彝三民族文化的特色城镇和乡村，将藏彝文化的保护和利用融入城乡建设中，为藏羌彝文化产业走廊发展发挥积极作用。[②]

4. 特色项目带动模式提升文化影响力和游客吸引力

四川省作为藏羌彝文化产业走廊的重要组成省份，在走廊建设中贡献了重要力量。四川甘孜藏族自治州依托本身具备的茶马古道文化、情歌文化、锅庄文化等特色文化资源，陆续打造出"亚丁演艺中心"等国家藏羌彝文化走廊重点项目。阿坝藏族羌族自治州依托自身丰富的民族文化资源，依托羌绣、藏族特色节庆等发展多彩的民族文化项目。凉山彝族自治州同样依托全国最大彝族聚居区优势，在大型文化实景演艺、民族文化产业园区建设、特色文创旅游纪念品开发等方面进行挖掘，并取得良好成果。

西藏昌都市推出以项目带旅游的发展战略，通过大型项目的建设有效推动了文化产业的发展，在提升文化影响力的同时深入发展民间艺术团和民间美术、传统工艺等非遗传承项目。依托藏羌彝文化走廊所带来的丰富资源，生产型文化企业发展迅速，助力区域文化振兴。

5. "旅游+节事"，探索地域特色文化活动捷径

西藏昌都市注重地域特色文化活动捷径的开发，举办首届西藏自治区热巴

---

① 李军：《国外文化遗产廊道保护经验及其对四川藏羌彝走廊建设的启示》，《四川戏剧》2014年第11期。
② 文化部、财政部：《藏羌彝文化产业走廊总体规划》，北京朝阳文化产业网，2014-03-07。

舞展演、茶马文化艺术节等。西藏林芝市依托得天独厚的自然环境，实施全域旅游，打造"世界级生态旅游大地区"，全力转向"绿色崛起"文化发展新道路。"林芝桃花节""雅鲁藏布生态文化旅游节"等品牌性活动名声逐渐打响。[①]

（八）人类古陆路交通的"活化石"——剑门蜀道

1. 舞台化模式促进非物质文化遗产的传承和发扬

剑门关景区定期举办三国文化实景演绎活动，以"游剑门关蜀道，品三国故事"为活动主题。主要内容有大型汉代迎宾鼓舞及献酒仪式、民间杂技、三国歌舞杂耍、汉代元素服饰时装T台秀等。

2. 龙头景区带动模式打造"剑门蜀道"世界级旅游目的地

在全域旅游转型升级、国家新型城镇化建设大背景下，"剑门蜀道"立足打造世界级旅游目的地，依托蜀道文化为核心的人文资源和生态环境，建设集生态观光、休闲体验、乡村旅游、养生度假、自然教育等功能为一体的剑门关旅游区。通过剑门关景区及拓展区、剑州小镇、乡村旅游示范带、汉阳特色小镇、剑山旅游度假区五大板块进行空间布局。剑门关旅游景区立足全域旅游发展，围绕打造大蜀道国际旅游目的地，以剑门关景区为核心和龙头，坚持"文化+旅游+美丽乡村（特色小镇）"的创新理念，打造世界级旅游目的地，赋能当地经济发展。

3. "实景演绎"提供沉浸式旅游体验

剑门关景区推出了全国首个实景崖壁灯光演艺秀——"剑门长歌"及其配套夜间产品。这标志着剑门关华侨城在不断进行文旅服务品质的创新，也是大力响应"发展夜间文旅经济"号召，留住全国、全省过路游客、拉动夜间文旅消费的一次积极探索。

不同于传统沉浸式灯光秀演，"剑门长歌"以天然崖壁为幕，将剑门"天险"独一无二的崖壁与绚丽的灯光科技融合，借助全息投影、声效互动等科技

---

① 方永恒等：《藏羌彝文化产业走廊空间格局及演化研究》，《阿坝师范学院学报》2020年第4期。

手段以及综合利用戏剧、舞蹈、音乐等艺术形式，再结合大型通关互动游戏的植入，让游客在行进观演中有户外真人"通关"游戏的沉浸式体验。游客白天攀古道、登雄关、赏古柏，夜晚则在1公里的光影长廊沉浸式体验千年蜀道的风云变迁。"剑门长歌"成为广大游客前往剑门关的必游项目，剑门关景区此举填补了传统景区夜间观光的空白。

4. 文化旅游小镇模式构建多功能主题景区

依托剑门蜀道旅游区，当地加快建设剑门温泉小镇、宝龙山森林康养小镇等特色旅游项目。如华侨城正在规划建设的剑州小镇项目，积极致力于打造承载"大蜀道、大文化、大旅游"概念的蜀道文化特色小镇。该项目在满足门户形象和旅游集散功能的基础上，深入挖掘蜀道文化，以大时间观、大空间观为核心脉络，以"蜀道繁华盛景"情景式开放街区和"土风雅趣秘境"体验式封闭园区两大核心产品，构建集大蜀道人文观光、休闲体验、度假消费于一体的主题景区。

（九）初级徒步者的天堂——徽杭古道

1. "体育+文化+旅游"模式将徽商精神和徽文化与体育有机结合

文化是旅游的内核，古道承载着徽州文化符号。徽杭古道坚持"体育是活力，文化是生命力"，注重徽州文化内涵、历史遗迹的挖掘和民俗特色、民居特色的传承，把古道自然景观、历史古迹、小镇村落串联起来，形成有机的整体，吸引更多游客前来。徽杭古道的旅游紧紧围绕"体育+文化"，开展徒步、越野跑、马拉松、山地自行车、露营、溯溪、探险、登高、拓展运动等山地户外运动，使古道旅游形象更加生动、活泼。

2. 博物馆模式促进遗产保护与利用

（1）中国徽菜博物馆

中国徽菜博物馆位于安徽省黄山市徽州文化艺术长廊内，占地约3万平方米。馆内设有徽菜文化展区、徽菜美食体验区、徽菜产品售卖区、徽州民俗饮食文化体验区及产权式酒店区五大功能区，该馆立足建立一个展示、弘扬和传播徽菜文化的平台。如今的中国徽菜博物馆既是城市名片，也是徽州美食文化的核心竞争力的标志，更是徽州文化和特色文化技艺动静结合、体验展示相结合的示范。

（2）黄山徽茶文化博物馆

徽茶文化博物馆位于黄山市，是集徽州文化展示、收藏、旅游等为一体的国家大型地方综合性博物馆，馆内分五个展区："千载话茶香""尘寰有神品""行止寄胸怀""茗器盛薪海""追忆似水流年"。接待大厅有黄山毛峰传统制作技艺传习、茶艺、产品等3个大厅和永庆堂、听雨轩、富溪堂、同丰堂4个品茗接待大厅，全面展示了徽茶几千年的茶文化和发展历史。

（3）绩溪县博物馆

绩溪县博物馆坐落于绩溪县老城区中心地段，馆址内包括展示空间、4D影院、观众服务、商铺、行政管理、库藏等功能区，是一座中小型地方历史文化综合博物馆。周边区域修整"改徽"完成，古城风貌得以恢复后，建筑与整个城市形态更加自然地融为一体。绩溪县博物馆收藏有查士标行书草堂记十二条屏、太平天国木印及大量珍贵的古徽州容像、古徽州契约文书、古徽州宗族谱牒、古徽州砖木石三雕等。

（4）胡雪岩纪念馆

胡雪岩作为徽商代表，其纪念馆位于绩溪县城，占地约800平方米，包括两个庭院。纪念馆用大量的图片、书籍和实物再现了胡雪岩沉浮于商界宦海的一生，在一定程度上堪称是中国近代历史的一个缩影。纪念馆已经收集了近千件胡雪岩生前使用过的各种工具和生活用品，目前已经整理展出一百多件。纪念馆还专门仿照"胡庆余堂"国药号开辟了"药局"，杭州"胡庆余堂"提供上千种中成药，并聘请中医专家坐堂为参观者提供服务。

3. 旅游古村模式实现综合效益

唐模村被誉为"中国水口园林第一村"，始建于唐，培育于宋、元，盛于明、清，历史上因经济活跃、民风淳朴，被誉为"唐朝模范村"，是徽州历史悠久、人文积淀深厚的文明古村。唐模村虽生在徽州，偏于皖南，却不失新安古村的风韵，还兼具江南古镇的大气。小巷幽深与中街敞亮同在，宗祠文化和山水风情相印。唐模村积极推动旅游与文化、民宿、研学、体育等产业融合发展，通过举办古村夜派对、徽州晒秋、徽州年货节、法国红酒节、音乐会、迷你马拉松等主题活动，构建集民俗体验、休闲度假、研学写生为一体的多层次乡村旅游产品体系。

4. "古道+旅游"模式打造徒步旅游线路

徽杭古道是华东十大徒步路线之一，西起安徽绩溪，东至浙江临安，是一代代古徽州人贩运盐、茶、山货走出来的一条经商之路，是一条集自然风光及徽商文化的走廊，被称为华东第一古道。每年都有数以万计的游客来到这里体验这条独具特色的徒步路线。

（十）和蕃联姻之道——唐蕃古道

1. "交通+旅游"模式盘活闲置路线资源

青海省是文化遗产大省，这些文化遗产的文化表征许多都与唐蕃古道有关。从遗产廊道和风景道角度看，唐蕃古道作为联系中原和内地的主线，已拓展为游线理念。在青海旅游资源开发中，许多产品的设计都含有由青海去西藏的线路主题，由交通游线组织的廊道成为凸显唐蕃古道内在特质的表现方式，这些路段对现代交通运输和旅游活动的开展也发挥了积极作用。[1]

2. "体育+旅游"模式，展示西北地区独特的资源

环青海湖国际公路自行车赛简称"环湖赛"，是继环法自行车赛、环意大利自行车赛、环西班牙自行车赛职业巡回赛之后世界第四大公路自行车赛。环湖赛从2002年开始举办，每年的6月至8月在青海省的环青海湖地区和邻近的甘肃省及宁夏回族自治区举行，填补了青海省体育史上没有举办过国际比赛的空白。环湖赛为2.HC级，是亚洲顶级自行车公路多日赛，也是世界上海拔最高的国际性公路自行车赛，是中国规模最大、参赛队伍最多、奖金最高的国际公路自行车赛事。环湖赛高海拔、长距离、多爬坡的特点，使得比赛尤为精彩，观赏度高，队伍能力强，环湖赛比赛线路设计以碧波浩瀚、鸟翼如云的青海湖为中

---

[1] 席岳婷：《基于线性文化遗产概念下唐蕃古道（青海段）保护与开发策略的思考》，《青海社会科学》2012年第1期。

心,并向周边地区的青海东部农业区、青海西部牧业与荒漠区、青南高原高寒草甸草原区、甘肃河西走廊、宁夏黄河金岸等地区延伸,沿途自然风光雄奇壮美,旖旎迷人,成为当地旅游的新名片。

(十一)茶马古道的交通要道——百越古道

广西田东县委、县政府通过倾力挖掘、开发"百越古道",将其打造成文化品牌,树立了田东文化发展的风向标,对田东文化的发展具有重要的历史意义和现实意义。[①]

1. 影视化模式树立田东文化发展的风向标

历时一年精心策划、拍摄的文化探索纪录片《百越古道》登陆央视,让越来越多的人更加了解百越古道、了解田东。当地借此着力将其打造成文化品牌,树立了田东文化发展的风向标,助推百越古道和田东文化走向世界,对田东文化的发展具有重要的历史意义和现实意义。[②]

2. 博物馆模式讲好百越故事

广西壮族自治区博物馆坐落于南宁市民族广场东侧,是一家省级综合性历史、艺术类博物馆,国家一级博物馆。馆内设有固定的三个展厅:"瓯骆遗粹——广西百越文化文物展厅""瓷美如花——馆藏瓷器精品展"和"丹青桂韵——展览清到近代这一时期广西籍以及在广西旅居的书家画师的名迹墨宝"。该馆成为展示、传播、宣传百越文化的重要平台,助力区域城市旅游发展。

(十二)西部"天堂走廊"——茶马古道

1. 旅游多核心辐射模式

目前云南境内茶马古道沿线已经形成了昆明、大理、丽江、香格里拉等一批旅游中心,它们具有比较齐全的旅游服务设施和服务功能以及相对便利的交通条件。云南茶马古道旅游的开发重点便是增强这些城市的辐射力、吸引力和服务功能,使之成为茶马古道旅游开发的主要增长点。同时,云南茶马古道

---

① 滕兰花:《百越古道文化品牌建设刍议——以"田东八景"评选为例》,《百色学院学报》2014年第2期。
② 谢佩霞:《田东倾力打造百越古道文化品牌》,《右江日报》,2013年05月15日。

还应大力寻找和培育新的增长点，在茶马古道旅游资源、城市设施区位和交通条件比较好的地区建设一批新的旅游城市和旅游业中心。

2. "点—轴—面开发+旅游"模式

云南段茶马古道主段线路依托景洪、思茅、普洱、剑川、香格里拉、奔子栏村、溜筒江村、西藏芒康等在国内外享有高知名度的旅游区域带动周围经济发展，并将之作为云南茶马古道开发的主轴。目前，云南依托这条主轴和这些中心点，重点开发中心点辐射区域内资源特色鲜明、开发条件优越并对茶马古道旅游开发产生较大影响的次旅游点，并积极开拓二级和三级发展轴线，拓展东西两翼，发展南北两端，以此带动云南茶马古道旅游网络的全面开发，把茶马古道着力建设成为国际知名的精品旅游线。同时云南省还加强和四川、西藏两省（区）的横向联合，共同规划联手开发跨省旅游线，形成茶马古道线路旅游开发的大区域旅游点轴面体系。

（十三）多民族民系文化融合之路——南粤古驿道

1. 多部门联动，全社会共享

以驿道为依托，建立多重目标的"跨界"工作模式，创新性地形成了政府倡导、专业志愿者支撑、部门无私合作与资源共享、社会大众参与的互动网络。南粤古驿道保护利用工作设立了"以道兴村"的综合性目标，形成了多学科、多部门合作的行动计划。它突破了文物保护以文物行政部门为主导的工作模式，从规划到实施均采用多部门合作的形式，整合自然资源、城乡建设、文旅、体育等多部门以及各类高校、科研机构的力量。通过面向社会建立"三师志愿者"（规划师、建筑师、工程师）平台，利用高水平的志愿者团队推动项目和研究工作的开展，充分发挥社会力量的理论、实践和技术优势。

除驿道遗产保护利用外，还衍生出体育赛事、旅游推介、驿道游学、古驿道古曲复活工程等多种形式，盘活了沉睡的文化和自然资源。这一多部门合力助推的工作模式为大型线性遗产的保护和利用工作提供了思路，也为多部门密切配合与协调联动、强化政策支持和要素保障提供了可资借鉴的经验。

2. 古驿道研究中心模式

南粤古驿道并不局限于实施单纯的文物保护工程，而是在实践中不断提升遗产资源的保护和利用水平。近年来，广东省7家高校、4家科研机构挂牌成立"古驿道研究中心"，开展了大量有关文物修缮、历史地理、古驿道利用和管理等方面的研究，为南粤古驿道的保护和利用提供了学术支撑，也为古驿道可持续发展提供智力支持。

3. "古驿道+"模式促进乡村振兴

南粤古驿道活态利用工作开展以来，串联起古驿道沿线104个特色村落，整合原本分散的250个人文与自然节点，重点开发研学旅游、乡村旅游、红色旅游。例如，推出南粤"左联"之旅、中央红色交通线之旅、梅州平远寻乌调查红色之旅、粤赣古道红色纪检文化之旅等红色线路，举办南粤古驿道定向大赛、文创大赛等吸引城市资源进入乡村，激活乡村"内生动力"，形成"红与绿"交织融合的文化走廊。

四、国内外线性文化遗产活态利用路径分析

通过以上对线性文化遗产的梳理可以看出，线性文化遗产具有资源类型丰富、遗产价值突出、要素系统完善、集聚优势明显等显著优势，展现出蓬勃发展的势头。根据不同类型线性遗产的独特功能和属性，探索并确定了一系列以文化旅游和遗产旅游为主的利用方式，发展出"旅游综合体""活态博物馆""协同发展""特色小镇""主题公园"等多种活态模式。作为典型的遗产活化手段，旅游利用不仅为线性文化遗产的空间联系和业态升级提供了重要的支撑，也成功弘扬了遗产文化和地区特色。

文化遗产蕴含的文化可分为三个层次：物质文化层、行为制度层和精神意识层。其中物质文化主要给游客带来静态的旅游体验，行为制度文化带来动态的旅游体验，精神意识文化则带来沉浸的旅游体验。[①]在线性文化遗产的旅

---

① 张书颖等：《线性文化遗产的特征及其对旅游利用模式的影响——基于〈世界遗产名录〉的统计分析》，《中国生态旅游》2021年第2期。

游发展过程中,对不同层面的内在文化采取了不同的活态利用方法,如下表4-1所示:

表4-1　国内外主要活态利用模式案例总结

主要活化模式	文化层次	主要特点	适用类型	代表案例
多功能利用	物质文化层(静态体验)	对于保存较为完好的工程/交通线路,充分利用其运输功能,通过挖掘沿线相关旅游资源,利用线性遗产将其串联,形成一个连续的资源整体,如运输功能丧失,结合自然人文资源进行景观开发	工程运河和交通铁路类线性遗产	亚特兰大环线、滇越铁路
主题线路		基于线性遗产的文化主题,在不破坏遗产遗址的状态下,适度开发	历史文化和科研教育价值突出的考古遗址类遗产	英国哈德良长城
主题公园		对线性遗产中地标性文化遗产或非遗文化进行异地"迁移";通过体验化的场景设计,让那些无法来到真实环境中的人们能够在家门口感受到遥远文化的魅力	需要执行严格保护的廊道遗产或古迹遗址	中东铁路
考古遗址公园		利用遗产的客观主义原真性,不需要对其进行更多"加工",直观展现给游客即可。以保护为主,提供静态文化旅游体验	不可移动、文化科研价值更高的古迹遗址	意大利阿匹亚古道
产业园区	物质文化层(静态体验)	与第一、二产业融合发展,依托产业景观和特色建筑形成主题路线	沿线工业或农业资源丰富的河流、铁路类遗产	德国莱茵河
IP文创		提炼与遗产相关的艺术形象,为游客提供"可带走"的遗产	艺术审美类遗产和故事文化价值突出的商贸线路遗产	海上丝绸之路、丝绸之路
数字化		利用数字技术将遗产转化为可操作、可展览、可研究的数字遗产	不可复制的艺术类文化遗产	丝绸之路
舞台化/影视化	行为制度层(动态体验)	对历史场景、历史地点和历史故事进行再现与呈现,利用场景再现、舞台演绎、影视作品等方式动态传达线性文化遗产中蕴含的行为制度规范	地方文脉深厚的遗产	剑门蜀道、北京中轴线
"仿古"复刻		力图完美复刻古人的行动轨迹和所见所闻,给游客切身的动态体验	宗教或历史主题事件路线	圣地亚哥朝圣之路

主要活化模式	文化层次	主要特点	适用类型	代表案例
特色小镇	物质文化层+行为制度层（动静结合）	依托特色产品、独特景观或非遗文化，对沿线古村落、城镇进行综合开发利用，形成具有代表性的旅游节点，打造多层次旅游体验	行政单位或自然条件阻隔造成的资源双侧组团型线性文化遗产	圣地亚哥朝圣之路、丝绸之路
活态博物馆		将古今并重、以人为主、动态保护作为主要特征，本质是社区更新；强调空间元素、集体记忆、社区居民三个要素	城市空间中的历史地段	北京中轴线
历史街区		线性文化遗产沿线建筑保存完好，对遗产建筑进行再利用，打造特色街区和城市名片	地理区位要求高的铁路遗产	滇越铁路
旅游+	精神意识层（沉浸体验）	依托特有的自然条件或文化底蕴，打造节庆、赛事活动，强调游客参与，形成特色产业	功能性强、禀赋独特的线性遗产	加拿大里多运河、徽杭古道、唐蕃古道
协同共生		网络化发展，形成区域联动，实现多方位循环的游览模式	具有较强空间延续性的串珠型或双侧分散型线性遗产	法国米迪运河、北京中轴线
旅游综合体	精神意识层（沉浸体验）	在线性遗产沿线打造一揽子主题旅游项目，并建设完善的配套设施，发挥高等级旅游中心的辐射能力，盘活沿线区域文化、历史、经济、旅游活力	资源双侧分散的一体化发展的线性遗产	加拿大里多运河、茶马古道

以物质文化为依托，通过博物馆展示、主题线路打造、主题公园建造等方式为游客提供静态的旅游体验。针对考古价值较高的线性文化遗产，不需要对其进行过多的改造，将遗产最原真的一面展现给游客即可。针对不可移动不可复制的艺术类文化遗产，采用数字化技术和IP文创产品的开发，将那些不可触及的遗产以更加生动的方式呈现在游客面前。这不仅拉近了游客与遗产之间的距离，而且通过科技手段使得遗产研究与保护更加便利。

行为制度层文化包含遗产反映的人的行为规范、礼仪制度等内容，需要在动态的展示中才能得以传达。与静态的、物质的遗产相比，行为制度文化不能脱离一定的历史场景和历史地点。因此，舞台化演绎、场景复刻，甚至VR、AR

等高科技手段的运用更能动态地传达线性文化遗产中蕴含的制度规范。

值得一提的是，"活态博物馆"模式的开发为大型线性文化遗产在城市空间中的保护利用提供了新的思路。活态博物馆由"Eco-museum"①理念发展而来，体现的是人类和社会生态的均衡系统。②弱化了博物馆的空间范围，注重整个历史地段的保护，本质上是社区更新。空间元素、集体记忆和社区居民是活态博物馆的三个重要元素。其中空间元素是博物馆的实体，包含历史建筑、自然景观等，是集体记忆的载体；集体记忆是长期存在于社区居民中的文化烙印，包括方言、价值观念、手工艺、民间故事等，是文化传承的线索；社区居民则是文化的沉淀者、保存者和表达者，是活态博物馆的重要基础。③

精神意识层文化包括一定时期内人们的思维方式和价值观念，代表线性文化遗产最核心、最深入的文化体验。对精神文化进行发掘和利用需要对各方面细节进行把控，营造整体氛围，从而提升线性文化遗产的影响深度和广度。"旅游+"模式通过民俗节庆、大型赛事活动、主题凝练等方式，结合遗产本身内外部环境为游客营造沉浸式动态体验。线性文化遗产在开发利用过程中很容易造成不同行政区、不同区段上相互割裂的情况，因此线性文化遗产主题的连贯性是旅游开发者要考虑的重点与难点。米迪运河和里多运河的成功经验告诉我们，结合地理和文化优势，打造完整的旅游产业链，形成多区域联动的网络化发展模式，是解决主题性和连贯性的有效方法。

---

① Eco-museum的理念于20世纪70年代诞生于法国，是在保护的基础上利用和开发地域文化，主要体现在原真性保护、社区参与和文化认同三方面。Eco-museum在我国的实践多见于西南贫困乡村，但这种模式难以适应经济较发达的城市空间。因此Eco-museum理念在中国的乡村实践称为生态博物馆，城市实践称为活态博物馆。

② 汪芳：《用"活态博物馆"解读历史街区——以无锡古运河历史文化街区为例》，《建筑学报》2007年第12期。

③ 陈洁：《国内外活态博物馆理念研究综述》，《东方收藏》2021年第9期。

第二节　国家文化公园遗产可持续利用主要模式类型

一、国家文化公园遗产活态保护的特征

随着欧洲"文化线路"和美国"遗产廊道"保护理念的引入，我国跨区域、跨文化的大型线性文化遗产的研究保护受到高度关注。自2019年第一批国家文化公园试点开展以来，长征、长城和大运河三个国家文化公园的建设均有了重大进展，在空间规划、管控保护、文旅融合、展示利用等方面均走出了切合实际、独具创新的发展路子。2020年，党的十九届五中全会将黄河国家文化公园建设纳入"十四五"规划文化建设之中，自此形成四大国家文化公园的建设布局。2022年，国家文化公园体系建设又迎来新成员——长江国家文化公园。五大国家文化公园涵盖了经济、文化、社会、生态多种发展主题，跨越了中华民族数千年文明，其遗产活态保护特征主要体现在角色转变、功能延续、多元融合和活态传承四个方面。

角色转变是基石。线性文化遗产跨越多个省市，以往关于长征、长江、大运河等文化的表述，多以某一段的区域性文化为主。各省对于文化遗产的保护与利用各自为政，各区段的文旅发展存在同质化问题，导致巨型线性遗产因行政区的经济文化发展水平的不同而不能形成一个有机的统一整体。伴随我国经济、文化的繁荣发展，以及经济带、文化带的快速建设，以大型线性文化遗产为依托的国家文化公园以中国人整体而非割裂的文化符号向世界表达，形成民族整体文化标志。这也是国家文化公园"国家"性的必然要求。

功能延续是现实需要。以大运河为例，运河遗产功能的活态延续不仅是指原初运输功能的延续，还包括与运河相关非物质文化遗产的传承。大运河历经两千余年的持续发展与演变，直到今天仍发挥着重要的交通、运输、行洪、灌溉、输水等作用，对于运河遗产的保护利用要建立在保持现有功能完好的基础之上。

多元融合是内在要求。国家文化公园遗产的可持续利用要求在生态、经

济、文化和社会上均有效益。以长江国家文化公园为例，遗产的开发利用首先要注重生态效益，以保护生态环境、生物多样性为首要前提；其次要注重文化效益，以区域文化的开发促进沿线优秀传统文化的传承；再次注重社会效益，通过活态博物馆、乡村振兴等重点项目的建设，形成诸多文化、生态游憩空间，提升人民生活的幸福感；最后要注重经济效益，通过发展文化旅游产业带动区域经济增长。

活态传承是最终目标。在遗产保护视域中，"活态遗产"（living heritage）与"活态文化"（living culture）是绝不可绕开的话题。活态遗产和活态文化概念的提出体现了人们对物质文化遗产使用功能和当代价值的关注，体现了人们对纪念与创造记忆和文化延续过程的重视，遗产遗迹不再是冰冷的工程，非遗也不再是僵化的标本。文化遗产活态保护的根本目的是使其世代传承下去。大型线性文化遗产既包括具有空间实体的物质文化遗产，还包括各种非物质文化遗产。对此，具体活态传承模式有多种，包括活态博物馆、遗址公园、历史街区、数字化、舞台表演等。

二、国家文化公园遗产活态利用的可行模式

"国家文化公园"的提出，使得其文化属性被提到了极为重要的位置。[1]无论是长城、大运河，还是长征、黄河和长江，都承载着中华民族独一无二的深层次的文化记忆。长城凝聚起众志成城的奋斗精神与坚韧不屈的爱国情怀，是中华民族的精神象征；大运河彰显了"汇通南北，巧夺天工"的中国智慧与中国奇迹，是流动的民族文脉之河；长征之路书写着中国革命文化的壮丽诗篇，是革命先辈的浴火重生之路；黄河造就了上下五千年不曾断裂的中华文明，记录着一段段自强不息的时代故事，是中华民族的根与魂；长江流域人杰地灵，与黄河千百年来"江河互济"，引领中华传统文化近代转型，是中华民族发展的重要支撑。

---

[1] 刘庆柱等：《笔谈：国家文化公园的概念定位、价值挖掘、传承展示及实现途径》，《中国文化遗产》2021年第5期。

将线性文化遗产建设成国家文化公园,推动中华民族文化标识建设,不仅要厘清线性遗产的复杂形象与文化标识的关系,科学地利用文化遗产打造与旅游者空间行为规律相适应的线性遗产旅游产品体系,还要创造性地推动社区族群生活生产方式的可持续转变,使当地居民和旅游者均成为遗产价值的传播主体,由此增加国家文化的活力,促进不同区域文化的整合与可持续发展。

(一)长城国家文化公园

1. 概况

不同的国家、不同的文化区域内都有代表其文化的建筑。这些具有标志意义的建筑,对其国家或地区都产生过重大影响。长城在中国就是这样的建筑,长城是古代中国在不同时期为抵御塞北游牧民族侵袭而修筑的规模浩大的军事工程的统称,也是世界上修建时间最长、工程量最大的一项古代防御工程。长城自公元前7世纪开始,延续不断修筑了2000多年,展现了我国古代在军事防御体系建设方面的最高成就。①长城凝聚了中国古代劳动人民的智慧,在国内外享有盛誉,建设长城国家文化公园,不仅对增强人民群众的文化自信具有显著意义,而且为向世界讲好中国故事提供了平台。

2. 发展主题

长城沿线分布有种类丰富、历史文化价值较高的中华优秀传统文化资源、革命文化资源和社会主义先进文化资源,长城文物和文化资源具有总体规模大、价值高、时间跨度长、分布范围广、景观组合好、展示利用潜力大等特点。在长城国家文化公园建设中采用多核辐射的廊道开发模式,具体表现为选取长城沿线具有代表性的重要旅游城市、旅游景区和旅游景点作为长城线性遗产保护和利用的核心点,带动长城周边区域资源的整合利用与协调发展,再进一步通过长城将这些核心点作为节点串联起来,整合沿线资源,构建长城遗产廊道,促进长城沿线休闲旅游产业及地区整体经济的发展,实现长城沿线地区的

---

① 《长城、大运河、长征国家文化公园建设保护规划出台》,《现代城市研究》2021年第9期。

生态景观和人文景观一体化发展。

3. 活态利用模式

（1）文旅融合模式

在文旅融合发展的大背景下，长城沿线旅游目的地充分推动文化和旅游深度融合，让长城焕发出生机与活力。长城沿线各地区加强区域协作，实现与其周边就近就便和可看可览的历史文化、自然生态、现代文旅优质资源的联动开发利用，着力讲好长城故事。

（2）博物馆模式

面向公众文化需求，设立"长城文化博物馆"，聘用专职管理员通过讲解、宣传、展示等多样方式向公众开展长城文化教育，在弘扬长城文化的同时，为公众提供精神层面的参与机制，提高公众的保护意识。

（3）"长城人家"传统村落活态传承展示

针对传统村落文化的保护现状，长城沿线村落围绕对"活态传承"的理解，提出了构建以"人"为核心的保护理念，并运用准生态博物馆的理念，探索出了村落文化"活态式"的博物馆保护与传承方式。"长城人家"是传统村落活态传承展示的典型代表。

（二）大运河国家文化公园

1. 概况

运河是文化遗产的一种特殊物质载体，其客观存在是人类社会进步、经济发展、文化交流的重要组织形式。2017年6月，习近平总书记曾就大运河保护、传承和利用专门作出批示：大运河是祖先留给我们的宝贵遗产，是流动的文化，要统筹保护好、传承好、利用好。习近平总书记的批示为大运河文化复兴指明了方向。2019年2月，中共中央办公厅、国务院办公厅印发《大运河文化保护传承利用规划纲要》（简称《规划纲要》），强调"要深入挖掘和丰富大运河文化内涵，充分展现大运河遗存承载的文化，活化大运河流淌伴生的文化，弘扬大运河历史凝练的文化"①。京杭大运河是世界上开凿最早、里程最长的运河，2014年6月22日，中国大运河被列入世界遗产名录。京杭大运河流经20多座城市，将海河、黄河、淮河、长江和钱塘江五大水系连成了统一的水运网，是中国历史上南粮北运、商旅交通、军资调配、水利灌溉等用途的生命线，也是贯穿南北流动的血脉。

此前，许多学者对于大运河沿线不同地区的文化遗产的活态保护都做出了研究和贡献。如依托运河文化带建立跨区域合作，进行沿线戏曲文化的联合开发，将旅游景点与戏曲文化相融合，举办运河戏曲节、运河文化节等旅游节庆活动，以此来保护运河沿线戏曲文化的发展。②也可以通过运用现代数字科技技术，搭建文化遗产数据库，建立数字博物馆，建立特色文化小镇。③在目前实际应用及京杭大运河的活态利用过程中，开发出了许多活态利用模式，譬如"实景再现模式""特色小镇模式""考古遗址公园模式""生态廊道模式"等。然而，在当前大运河文化遗产保护、传承和利用的过程中，尚未形成健全的保护体系与活态传承机制，非遗资源的活化利用程度较低。④

2. 发展主题

大运河福泽二十多座城，依据大运河的线性特点及其沿线文化资源分布的分散性、多样性的特点，大运河的活态开发利用适合采用"串联+辐射"的开发模式，即以串联式辐射开发为主题，首先挖掘大运河沿线各地丰富深厚的文化遗产，将运河沿线多样的文化遗产串联起来，形成运河文化线，再在此基础上遵循因地制宜的原则，结合沿线各地文化遗产特性采取各具特色的活态保护利用模式，使其不断向外辐射延伸发展，拓其深度，增其广度。最终，由点及线，由线及面，真正使大运河沿线文化遗产焕发出全新的活力与生机，其影响

---

① 中共中央办公厅、国务院办公厅：《大运河文化保护传承利用规划纲要》，2019年5月9日。
② 钟行明、王雁：《大运河沿线戏剧类非物质文化遗产的保护、传承与利用——以山东地方戏为例》，《艺海》2021年第7期。
③ 林莹莹、刘志宏、陈强：《大运河沿线特色小镇文化遗产数字化保护方法建构——以苏州震泽古镇为例》，《建筑与文化》2021年第7期。
④ 言唱：《大运河非物质文化遗产的活态保护与活化利用》，《海南师范大学学报（社会科学版）》2020年第3期。

力也将不仅局限于大运河这条"线"，而是以辐射发散的模式在沿线周围地区向远向深拓展，使大运河文化绵延至各地。

3. 运河活态利用建议

（1）采用数字博物馆、主题公园等方式，实现原生地活态开发

从物质文化的静态体验出发，大运河可采用建立数字博物馆、主题公园等方式，通过体验式的场景设计，让游客沉浸式体验运河文化的魅力，实现原生地的活态开发。

"大运河非物质文化遗产是由大运河生产、生活方式孕育而产生的，或者其内容反映大运河生产、生活方式，或者其形成、传播依赖于运河环境活态保护方式。"[1]非遗项目应该在原有的物质存在与人文环境中"原生态"进行活态保护，应该尽可能发挥其原有的功能和作用，在不改变原有性质和状态的情况下，也可以同时发挥其他的多种作用。[2]也就是说，对非遗传承人、非遗赖以生存和发展的社会环境都要整体保护，采用"原生境"开发，创建数字博物馆、运河文化主题公园等方式推动大运河文化遗产的旅游可持续开发，在保持完整性的同时，提升游客的体验。可以在遵循信息互动的基础上，利用虚拟现实（VR）、增强现实（AR）、混合现实（MR）、3D全息投影等现代科学技术，打造运河文化数字博物馆，搭建现实整体场景，为游客提供真实有趣的体验。除此之外，也可采用历史街区、特色小镇等方式，动静结合，实现对大运河物质文化层和行为制度层的双开发，推动对大运河文化的活态利用。

（2）采用文创开发提炼IP，对标"国潮"趋势

大运河非遗的活化利用，应当在保留其作为遗产的核心价值的同时，通过创造性转化与创新性发展，激发其内在深层价值。学者杨琼认为："可以让非遗与文创产业融合发展，非遗的生产性保护致力于活态传承，相对于抢救性保护和整体性保护更具科学性和主动性，能够保证非遗传承的连续性和真实

---

① 李永乐、杜文娟：《申遗视野下运河非物质文化遗产价值及其旅游开发》，《中国名城》2011年第10期。
② 刘庆余：《京杭大运河遗产活态保护与适应性管理》，《江苏师范大学学报（哲学社会科学版）》2018年第2期。

性,而文化创意产业为非遗活态传承提供了新的契机和路径。"[①]然而,与现代生活的距离感使得非物质文化遗产传承人的开发利用与创新意识不强,这也严重影响了非遗财富的开发力度、挖掘深度和活化度,如运河两岸的杨柳青年画、苏州刺绣、昆曲等均面临这一困境。

在"国潮"热的当下,"国潮"文化受到年轻人的追捧和热爱,这就为运河丰富传统文化的活态利用提供了新思路、新机遇。为使运河文化更好地融入当下,可以依据大运河沿线文化遗产特征打造特色文创产品,提炼与遗产相关的艺术形象,形成IP,并对标"国潮"趋势,创造生产特色"国潮"风的文创产品,实现对运河文化的再发掘与再利用,为游客提供"可带走"的遗产,从而使运河文化与当代人的生活方式产生连接,焕发出新的生机与活力。

(3)采用舞台表演、影视化等方式,提供动态体验

在旅游快速发展的当下,文化舞台化成为人们喜闻乐见的旅游形式,"非遗热"和非遗的活态开发也为传统文化从生活向舞台的转变提供了契机,许多传统文化也被搬上了荧幕。这类从行为制度层出发的活态开发利用模式,利用场景再现和演绎等形式,为游客提供了绝佳的动态体验。

运河串联多城,丰富而珍贵的非物质文化遗产是运河的文化记忆符号,这些文化瑰宝,留住了运河畔乡土文化的根脉。而舞台表演、影视化的开发模式可以为运河文化的传播提供载体,使各地的人们都有机会一睹运河文化的风貌。斯里兰卡中国文化中心所推出的大运河文化旅游风光片——《运河风味千万家》就为运河文化的动态开发提供了经验借鉴。这部影片以运河人家与美食为切入点,展现了以台儿庄、淮安、扬州、杭州为代表的运河沿岸地区的文化传统与生活方式,鲜活地呈现了大运河的丰富人文底蕴。这种表演、影视化的开发形式正是通过对运河沿线历史文化的挖掘,实现对其历史场景、历史故事的再生与呈现,更有助于人们了解大运河的历史文化。

---

① 杨琼:《非遗与文化产业融合发展机制研究》,《中国集体经济》2020年第7期。

（4）采用"运河+"、节庆活动方式，文旅融合发展

对运河文化的活态开发，除了物质文化、行为制度等层面，对其精神意识层面的开发也不容忽视。文旅融合的目标是建立文化、文创与非遗的发展、保护与传承机制，创新结构式旅游产品，以赢得消费者青睐。2019年《江苏大运河旅游消费白皮书》揭示了江苏大运河文化旅游消费的优势。非遗文创商品的发展已进入快车道。今后，可通过引入新业态和新模式，依托文旅融合、文化科技、非遗创新、非遗营销等方式，实现大运河非遗文化的落地转化，打造出满足当代人需求的智慧非遗体验和购物空间。这既可以增加经济收益，又可以传播非遗文化。[①]"运河+"项目或者"非遗+"项目，可以依托大运河自身特色水域自然条件和文化底蕴，打造节庆、赛事活动，在激发大运河非遗文化的潜在活力的同时，也盘活大运河沿线旅游和经济的发展，促进文旅融合发展，推动大运河非遗文化的传承与活态开发利用。

（三）长征国家文化公园

1. 概况

长征文化是革命文化的重要表现，也是中国文化和中国精神的重要组成部分。建设长征国家文化公园是贯彻落实习近平总书记关于弘扬中华优秀传统文化，发扬革命精神、传承红色基因，推进社会主义先进文化建设等一系列重要指示精神的重大举措，同时也是"十四五"时期国家深入推进的重大文化工程。长征国家文化公园主体建设范围横跨15个省区市，其中，长征文物数量庞大，内涵丰富。据初步统计，现有有关长征的各级文物保护单位超过2100处，包括了重大历史事件发生地、重要会议遗址、重要机构旧址、战场遗址、名人旧居、纪念设施、烈士墓及墓园等，涵盖了革命文物的所有主要类型，跨越了15个省区市的长征沿线文化和自然资源也丰富多样。

2. 发展主题

不同于大运河、长城、黄河和长江国家文化公园，长征国家文化公园以流

---

① 郑菲菲等：《大运河江苏段非遗活态传承影响因素及文旅融合路径研究》，《淮阴师范学院学报（哲学社会科学版）》2021年第3期。

动的线路为主，缺乏连贯的地物作为依托，此外，长征线路沿线文物单体较小，且分散不均衡，同质化问题严重，再加上长征沿线地理环境较为复杂，导致长征国家文化公园的建设与开发难度较大。为应对这一现象，长征国家文化公园的活态利用应采取"节点—斑块—廊道"的组织模式，自下而上，以点串线，以线连面，逐渐带动整个国家文化公园发展，并坚持"红绿土"相结合的发展方向，形成"节点—斑块—廊道＋红绿土"相互促进，相互融合的活态发展模式。即优先发展长征国家文化公园主体区域内具有深层潜力的节点，在此基础上，充分发挥节点的辐射带动作用形成影响力大的板块，通过基础设施如高速公路、历史步道、风景道的建设将各个节点和板块连接起来，形成长征文化线路，并结合红色旅游、绿色生态、民俗风情等资源，形成相互协同、多元融合的发展新格局。

3. 活态利用模式

（1）静态体验——数字化展示模式

长征国家文化公园致力于数字再现工程的建设。通过加强信息基础设施建设，逐步提升主要展示区域的无线网络和5G网络覆盖度，建设长征国家文化公园官网，建设长征数字云平台，加强对长征文物和文化资源的数字信息采集等，推动长征文物和各类展示场馆实施数字展示工程，加强长征主题智慧博物馆和智慧景区建设，持续推进"互联网＋长征"系列项目，强化长征国家文化公园传播推广等。[1]例如，长征数字科技馆的建设，运用VR、AR、3D等数字技术，通过五组场馆，结合行进式展演、剧场式观演、沉浸式体验等多种形态，展现长征的完整叙事。

（2）静态体验——文创研发模式

长征国家文化公园以红色文化为发展本底，通过提炼与遗产相关的艺术形象，形成独具特色的文创研发模式，为游客提供"可带走"的遗产。例如，一款名为"长征组茶——新绛大观·明前茶"的文创产品以国家大剧院原创歌剧

---

① 苏向东：《长征国家文化公园建设保护规划解读》，中国网，2021-10-28。

《长征》为源衍化而生,体现出艺术为民、文创扶贫的精神,这既是一次独具匠心的明前茶"聚会",更是一次传承长征精神、追溯革命初心、探索公益扶贫的有益尝试。[①]

（3）动态体验——教育研学模式

长征具有丰富的红色文化内涵,应依托于长征红色文化,发挥其教育价值,实现长征文化的活态利用。首先,可以依托于长征沿线的红色基因,加强长征干部学院体系建设,推动红培基地、红色教育学院统筹发展。其次,以"重走长征路"为发展主题,将其纳入大中小学生的学业课程与社会实践当中,进一步加强学生的思政教育工作。此外,还可以联合各干部学院、红色教育基地,形成面向企业、青少年、中老年等不同群体的多元化的"长征学院"红色教育体系。

（4）动静结合——特色小镇模式

特色小镇模式是长征国家文化公园活态发展的一大方式。特色小镇依托特色景观和长征文化,通过对古村落和古城镇的开发,形成了有代表性的旅游节点。例如,位于威信县城的扎西红色小镇,依托其丰富的红色资源,将"扎西会议"宣传与红色小镇建设高度融合,弘扬红色历史文化,把扎西红色小镇打造成为古色古香,动静相宜的"红""文""旅"相结合的主题街区,既有效促进了小镇的现代化发展与小镇人民生活水平的提高,又充分保护了长征沿线的红色资源与历史遗迹。

（5）动静结合——历史步道模式

历史步道模式是长征国家文化公园不同于其他国家公园的活态利用模式。长征历史步道是由红军路、串连步道和连接线组成的完整体系。红军路是指长征沿线保存较完好的历史道路,串联步道是指用于串联重要红色资源的步行道,而连接线通俗来说就是连接各节点的车行道路,三者合一共同组成长征历史步道。而红军长征期间曾经驻扎、留有长征遗迹和故事、且保存较好、

[①]　刘桢珂:《国家大剧院原创史诗歌剧〈长征〉文创新品 助力老区发展》,中国网,2019-04-03。

具备一定旅游发展潜力的"红军长征村",则是开展长征历史步道体系建设不可或缺的重要节点和驿站。长征历史步道不仅有助于保护长征沿线重要的红色资源与历史遗迹,还能够带给游客沉浸式的体验感,以步行的方式了解红军长征的历史,走读党史,增强互动。

(6)沉浸式体验——"旅游+节事活动"模式

"旅游+节事活动"模式是长征活态利用的又一方式,在长征沿线地区,以"重走长征路"为主题,将有许多展示人与遗产和历史的互动活动。这其中不仅包括"红军会师节""烈士祭拜"等规模较大、在特定纪念日举办、具有一定仪式感的活动,也涵盖"长征故事分享会""主题摄影和绘画比赛"等当地群众参与度高、多元化、生活化和常态化的活动。此外,定向越野、登山、徒步等体育运动和赛事,同样与"长征中的急行军"主题相适应。这些活动不仅能够将长征文化与旅游节事活动相结合,还能够带给游客沉浸式的长征文化体验。

(四)黄河国家文化公园

1. 概况

黄河是中华民族的母亲河,发源于青藏高原,自西向东流经青海、四川、甘肃、宁夏、内蒙古、陕西、山西、河南、山东9个省区,全长5464公里。在我国5000多年文明史上,黄河流域有3000多年是全国政治、经济、文化中心。九曲黄河,奔腾向前,以百折不挠的磅礴气势塑造了中华民族自强不息的民族品格,是中华民族坚定文化自信的重要根基。建设好黄河国家文化公园,不仅能够强化对黄河文化遗产的系统保护,也能守护宝贵遗产,更能延续中华文化历史文脉。[①]

2. 发展主题

黄河流域历史悠久、文化资源丰富、文化内涵深刻,因此黄河国家文化公园活态利用的主要目标是构建黄河流域文化体系,其遗产资源活化利用可采用黄河流域文化"点—轴—面"开发模式。具体表现为以黄河文明为主线,以黄

---

① 周泓洋、宋蒙:《国家文化公园创新策略研究》,《文化月刊》2021年第9期。

河支流和交通网络为轴线，择优选择一批能够充分展示黄河流域文化特色、支撑中华民族根与魂的山水文化景观和标志性文化遗产以及沿线重要城市，作为黄河国家文化公园开发利用的文化节点，充分发挥各节点的辐射作用，将以黄河文明为核心的遗产资源整合起来，同时加强区域合作、文旅融合等，带动黄河流域各地区的发展，打造具有黄河流域文化特性的产品，构建大黄河廊道。

3. 黄河国家文化公园活态利用模式

（1）"旅游+"模式

"旅游+生态"模式。近年来黄河沿线各地践行"绿水青山就是金山银山"的理念，全面推进生态文明建设，黄河流域生态环境持续明显向好。黄河流域涵盖高山、湖泊、草原、湿地、冰川、峡谷、平原等自然景观类型，更有青海湖、黄河九曲第一弯、黄河三峡、壶口瀑布、黄河入海口湿地等标志性自然景观。我们应将黄河生态文化和旅游业态充分融合，打造黄河生态旅游产品。

"旅游+数字化体验"模式。新时期体验旅游已经成为未来发展新趋势，产品如何开发，营销是否成功，是否能够受到消费者青睐主要在于产品是否能够满足人们实际需求。为满足人民日益增长的消费需求，在黄河流域旅游产品开发过程中，重视群众的体验，加入数字化体验，展现出科技力量活化遗产，减少消费者对文化的距离，进而推动两者有效融合，促进文旅产业供给的同时能够推动黄河流域文化行业的发展。例如，可以在开发过程中有效引入VR技术，增强产品融合的生动性，也可以将5G、AI（人工智能）等新型技术有效融入其中，增强人们旅游过程中的体验感。

"旅游+红色"模式。无数革命先烈铸就了黄河流域红色文化基因，黄河沿线的延安、西柏坡、太行山等重要红色遗迹，展现了党的伟大历程和光辉岁月。积极推动黄河流域红色文化与旅游业态的融合发展，打造黄河红色文化旅游产品，如开发一批研学线路、经典线路及红色文化创意产品，依托红色遗迹建设爱国基地等。

"旅游+非遗"模式。黄河川流不息千万年，流淌着中华文明永续不绝的血脉，非物质文化遗产是伴河而生、绵延相传的人间烟火。依托黄河流域沿线丰富多样的非物质文化遗产,打造黄河非遗旅游产品,如非遗旅游线路、非遗展示科普、非遗体验等。

（2）博物馆联盟、主题公园群模式

沿黄九省区45家博物馆在国家文物局和各省文物局的主导下成立了黄河流域博物馆联盟,旨在系统挖掘和展示黄河文化所蕴含的历史价值、时代价值,构建全方位、多层次、多角度的黄河文化价值体系。

首先,河南开封结合宋都古城特色资源,建立以"宋都"文化为主的开封黄河国家文化公园。借助宋都文化,健全开封旅游产品品牌阵营,依照清明上河园的影响力和特色,开发民俗市井文化旅游产品;深挖北宋皇家文化及北宋时期名人故事,增加龙亭公园的旅游产品业态;依托艮园的文化背景,打造大型演艺项目,塑造园林文化产品品牌。其次,结合开封传统夜市及发达的运河、汴河和黄河等水系,增加夜市小吃和晚舟旅游等夜间文化品牌,全力营造开封夜景。[①]

（3）舞台化、影视化模式

遗产的舞台化,尤其是民族文化类遗产资源的舞台化,是传承与保护文化遗产的手段之一,在避免文化同化、商品化、庸俗化的同时,利用舞台化展现民族传统文化、讲述历史故事,不失为一种有效的方法。廊道遗产舞台化是以原真性为基础的,并成为人们体验遗产魅力的手段。[②]目前黄河流域地区主要有"只有河南戏剧幻城"、河南新郑"黄帝千古情"演艺等系列黄河相关的文化产品,助力黄河流域文化的宣传。

（五）长江国家文化公园

1. 概况

长江是我国第一大河流,与黄河一起并称中华民族的母亲河。长江在中华文明的起源发展中发挥了极为重要的作用,是中华文明多元一体格局的标志性

---

① 李紫薇等:《河南黄河文化旅游带国际化品牌建设探析——基于黄河国家文化公园建设背景》,《人文天下》2022年第2期。

② 李飞:《廊道遗产旅游资源保护性开发研究》,北京第二外国语学院2008年硕士学位论文。

象征,很大程度上丰富了中华文明的文化多样性,"江河互济"构建了中华民族共有的精神家园。建设长江国家文化公园,保护好长江文物和文化遗产,大力传承弘扬长江文化,充分激活长江丰富的历史文化资源,系统阐发长江文化的精神内涵,深入挖掘长江文化的时代价值,对于深入贯彻落实习近平总书记关于国家文化公园建设系列重要指示精神,丰富完善国家文化公园体系,做大做强中华文化重要标识,延续历史文脉、坚定文化自信,进一步提升中华文化标识的传播度和影响力,向世界呈现绚烂多彩的中华文明,具有重大而深远的意义。2022年1月,国家文化公园建设工作领导小组正式启动长江国家文化公园建设,建设范围综合考虑长江干流区域和长江经济带区域,涉及上海、江苏、浙江、安徽、江西、湖北、湖南、重庆、四川、贵州、云南、西藏、青海13个省区市,通过精心组织、协同推进、有序实施,着力形成布局合理、特色鲜明、功能衔接、开放共享的建设格局,确保长江国家文化公园建设高质量推进。

2. 发展主题

长江国家文化公园的建设与发展对于长江经济带上13个省区市点、线、面的串联与融合意义重大、效果显著。借助此次契机,各地可在研究阐释长江文化的过程中找寻引领各地进行优秀传统文化创造性转化、现代化城市建设的文化基因,深入挖掘长江文化的时代价值,整合沿线丰富的文化和旅游资源,努力打造长江文化旅游重要城市、文化旅游目的地,建设彰显大国自信的文化新地标。基于此,本书针对长江国家文化公园的发展提出了"串珠式布局,文旅融合发展"的建议,即以长江国家文化公园途经的13个省区市为基本单位,建设"串珠式"分布的长江国家文化公园建设布局,齐心合力为长江国家文化公园谋发展。同时,以"文旅融合"为发展定位,紧抓长江国家文化公园建设重大机遇,激活长江沿线省区市丰富的历史文化资源,推动创造新时代长江文化标杆。

3. 活态利用模式

(1)以文化遗产为主体,坚持文旅融合

以实现长江文化价值引领为主线,坚持文旅深度融合发展。首先,着力打造

"水韵江苏"等具有较强影响力的文化旅游品牌,充分挖掘市场潜能,加快文旅复兴城市,让文化之美得到充分彰显。其次,加大对节日庆典的宣传投入力度,如张家港长江文化艺术节,使之成为"最具国际影响力节庆"的长江文化盛典之一,形成长江文化的重要宣传窗口。最后,依托长江沿岸港口城市优势与文化旅游资源特色,建设"长江游"风光带,借助长江这条"黄金水道",大力发展邮轮观光旅游,促进"黄金水岸"的合理开发与利用,拉动沿江地区新一轮高质量发展,打造长江文化活化样板,进一步促进长江国家文化公园作为中华文化重要标识的形成。

(2)以生态为抓手,打造生态先行区

长江沿岸城市拥有大量的河流、湖泊,星罗棋布,具备独特的自然地理条件、景观特色与文化内涵,因此,发展生态保护、活化利用开发至关重要。陆湿地资源最丰富的武汉可进一步加强湿地保护,维护湿地生态多样性,打造长江国家文化公园湿地先行区;江汉平原作为全国优势农业资源的重点区域,可通过鼓励生态种植、生态养殖等生态循环农业,打造稻渔综合种养生态循环农业样板,建设国家农业绿色发展示范区和农业现代化示范区;而在大别山革命老区可打造红色生态文化旅游带,充分挖掘大别山区生态资源和红色文化资源,强化生态修复与资源利用,保护和传承红色文化,打造红色旅游、生态旅游、康养旅游、乡村旅游等特色旅游线路产品,将大别山革命老区建设成为红色生态文化旅游经济带和乡村生态振兴示范带。

(3)数字化赋能,打造线上长江文化体验与呈现系统

紧扣长江国家文化公园覆盖城市的文化特征、资源禀赋和发展趋势,围绕"融合·创新·共享"主题,在长江沿岸各省、各市深挖特色文化,以数字化技术,如云计算、VR、AR等技术优势赋能在长江国家文化公园发展规划目标下构建的各种历史文化项目,打造"云展播""云展览""云游长江"等全新项目,抑或是有关部门组织进行网络形式的文艺活动表演,融合当地特色,使人感受到别具一格的历史传统文化氛围,通过线上体验的方式对长江全线文物资源进行充分的利用与活化。此外,借助大数据等技术,联合长江流域文博单位,

可打造长江文化研究智库和传播交流中心、建设长江文化资源数字化平台，完善长江文化数字特色标识体系，建设各省市的长江文化遗产基础数据库和图谱，打造极具长江代表性的长江文化风貌群，推动优秀传统文化创造性转化、创新性发展。

三、国家文化公园遗产活态利用的困境与纾解

长城、大运河、长征、黄河、长江沿线文化遗产众多，它们本身也是中华文化的重要标志。因此，国家文化公园遗产的活态利用对于促进文旅融合、提升国家文化自信具有重要作用。国家文化公园遗产的活态利用，不仅要关注文化资源，还要充分依托本地的自然资源、建筑设施，考虑到当地居民的影响与作用，汇集各方力量和资源，进行产业融合，使文化遗产更亲民也更具吸引力。

（一）国家文化公园遗产活态利用探索过程中的问题

1. 文化遗产利用的"统分结合"规划不充分，产品难免雷同

目前的五个国家文化公园涉及范围广泛，涉及多个省份。国家文化公园建设规划尚缺乏统筹协调，这对遗产的保护利用极为不利。行政壁垒阻隔和属地治理属性的冲突，容易造成保护和开发边界不明确、文化产品近距离重复建设等问题。[1]对于同一个国家文化公园来说，各省开发各有侧重，细分主题、细分空间不明确，没有形成统一IP，不利于国家文化公园打造鲜明的品牌形象。另外，由于沿线邻近地区文化背景相似，可能造成文化遗产的重复性开发，如陕西省的"黄帝故里拜祖大典"和河南省的"黄帝陵祭典"活动时间相近、内容相似。

2. 文化定位模糊，缺乏深层次的基因谱系挖掘

文化内涵和基因谱系的深度挖掘和准确阐述是线性文化遗产活态利用的前提，但目前我们还缺乏对线性文化遗产的深度探究，缺少对文化内核的精准定位。我国线性文化遗产内涵丰富，扎根中华优秀传统文化，具有庞大而深刻

---

[1] 张祎娜：《黄河国家文化公园建设中文化资源向文化资本的转化》，《探索与争鸣》2022年第6期。

的基因谱系，但当前仍处于国家文化公园建设的萌芽时期，对线性文化遗产的文化内涵和基因谱系挖掘不足，缺乏对文化底蕴的深入探索和解析。黄河是我国古文明的发源地，沉淀了我国上下五千多年的历史文化，但对"究竟什么是黄河文化"的问题有不同的解答，黄河文化的文化内核尚未明晰。大运河文化价值也缺乏深度挖掘，运河古镇风韵彰显不足，塘栖文化特色缺乏差异化竞争。[①]

3. 数字化程度较浅，无法满足游客多样化的需求

在开发利用方面，大数据、云计算、人工智能、"互联网+"等新兴技术不断完善，游客对于游览体验的多样性、丰富性要求也在提高，目前国家文化公园在开发建设过程中技术渗透力度不够，传统开发模式所打造的观光旅游产品已经不能满足游客多样化的需求。在资源保护方面，缺乏实时更新、共享的文化遗产数据库，利用新兴技术手段保存文化遗产资源的也较少。

（二）国家文化公园遗产利用的发展路径与展望

1. "点+线"利用模式，打造统一主题形象，突出地方文化特色

长城、大运河、长征、黄河、长江都属于线性文化遗产，我们应合理利用"点+线"模式充分利用线性和单体文化遗产资源，进行整体开发。各国家文化公园在开发时要注意统一主题形象，定下总基调，以免导致形象混乱。各"点"开发时，要在符合整体形象的基础上进行特色开发。建立主题博物馆、遗址公园，对当地物质文化遗产集中保护、展示，建立文化遗产集中展示平台。建立特色小镇、主题公园，对一些文化遗存丰富的村镇、街区进行立体式、全方位的保护开发，融合夜间旅游等新业态，打造集研学、休闲、娱乐于一体的文化综合展示区，让历史小镇重焕活力。对于"线"的保护利用，应依托古道，完善相关设施，举行徒步赛事活动，对于道路状况较好的古道，应举行骑行、马拉松等赛事，打造"古道+"品牌。另外，应建立文化遗产廊道，让文化遗产融入人民生活，让国家文化公园形象深入人心。

---

① 杨春侠等：《大运河国家文化公园建设背景下的古镇复兴策略》，《建筑与文化》2022年第11期。

2. 深度研究遗产文化内核，打造多元化"旅游+"产品

深度剖析国家文化公园遗产的文化底蕴和基因谱系，丰富文化内涵，准确定位文化内核，并以此为主线，以各区域当地特色产品、文化、资源等为支线，打造全方位辐射的多元化"旅游+"产品体系。我国目前现有的五大国家文化公园均具有浓厚的文化底蕴，黄河、长江是中华文化的发源地，长城、大运河是古人智慧的结晶，长征是中华民族红色血脉的传承，深度剖析这些线性文化遗产的文化内核，有助于丰富文化底蕴，发掘更多可活态利用的文化资源。

3. 积极开展数字化建设，优化技术赋能水平

在我国政务、学习、生活数字化建设的浪潮下，数字化渗透到各领域、行业，国家文化公园也需积极进行数字化建设，灵活地运用数字技术为国家文化公园遗产活态利用搭桥修路。近年来，已经有部分国家文化公园将数字化技术运用到文物遗产展示、虚拟场景、节庆演出等多个方面，但整体数字化水平还有待加强。数字技术赋能国家文化公园遗产的活态利用可从多方面入手，从遗产资源的保护开发到多元化呈现，全方位科学运用数字化技术，将国家文化公园遗产整体科技化、数字化。在保护原始历史风貌的同时，创新文化遗产与当代先进科技的融合，助力国家文化公园遗产从古资源到新经济、从一元景点到多元联动，从地方风土人情到国际特色文化的优化升级，将中国国家文化公园遗产的历史底蕴与文化内涵异彩纷呈地介绍给世界。

第五章

CHAPTER 5

国家文化公园
遗产旅游化可持续利用的
典型业态与经典案例

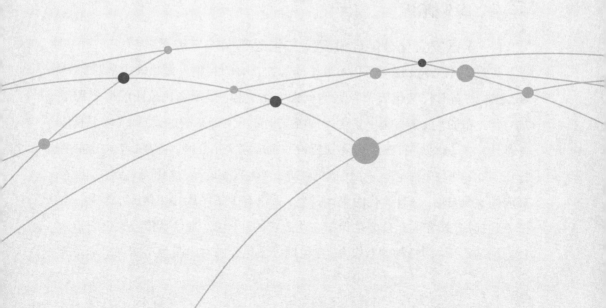

建设国家文化公园作为推动新时代中华民族文化发展的重大文化工程，是我国传承传统文化的新途径，更是展示中国精神的新媒介。国家文化公园广泛分布着大量物质文化遗产、非物质文化遗产，通过遗产旅游化的形式，能够有效地实现文化遗产的可持续利用。本章包括两节内容，第一节从业态角度出发，通过分析国家文化公园在文化遗产旅游进程中所涌现出的大量业态形式，总结提炼了有利于文化遗产可持续利用的传统旅游业态及旅游新业态。第二节选取2个国内经典案例，从总体情况、遗产概况、遗产旅游化可持续利用案例和发展建议四个方面入手，总结提炼遗产旅游化可持续利用的经验、做法，为下一步发展提出可行性意见建议。

第一节　国家文化公园遗产旅游化可持续利用的典型业态

一、基本概况

（一）国家文化公园建设聚焦文化遗产保护与传承

建设国家文化公园，是以习近平同志为核心的党中央做出的重大决策部署，是推动新时代文化繁荣发展的重大文化工程。国家文化公园的概念源于2017年发布的《关于实施中华优秀传统文化传承发展工程的意见》（以下简称《意见》）。《意见》首次提出规划建设一批国家文化公园，成为中华文化重要标识。文化是一个国家、一个民族的灵魂。文化兴国运兴，文化强民族强。没有高度的文化自信，没有文化的繁荣昌盛，就没有中华民族伟大复兴。作为一个全新的提法，国家文化公园是保护文化遗产的新模式，是传承传统文化的新途径，更是展示中国精神的新媒介。建设国家文化公园对内服务于实现中华民族伟大复兴，强调民族化和本土化；对外促进世界文化之间的交往和文化多样性的保有与存续，展示国际化和普遍化。

2019年，中共中央办公厅、国务院办公厅印发《长城、大运河、长征国家文化公园建设方案》，指出要协调推进文物和文化资源保护传承利用，完善国家文化公园建设管理体制机制，通过整合具有突出意义、重要影响、重大主题的文物和文化资源，实施公园化管理运营，实现保护传承利用、文化教育、公共服务、旅游观光、休闲娱乐、科学研究功能。国家文化公园以物质文化遗产与非物质文化遗产为载体，以文化为公园虚拟边界，形成了多地区协同保护的文化经济纽带。不同于其他国家公园和主题公园等，长城、大运河、长征、黄河、长江等国家文化公园广泛分布着跨区域、跨文化、跨古今的文化遗产，是包罗了文化遗产、自然遗产和非物质文化遗产的文化遗产聚落。国家文化公园的提出与建设是对国家公园体系的丰富与创新，既契合我国悠久的历史文化传统和资源禀赋，有利于发挥我国在全球的文化比较优势，同时也能够形成集文化保护、文化生产、文化消费和文化生活于一体的多功能复合空间，适应新时代人民群众对高质量文化生活的需求。

（二）文化遗产旅游助力文化遗产可持续利用

我国是世界文明古国，悠久的历史和灿烂的文化给中华民族留下了无数的文物古迹和艺术珍宝，对其进行保护、利用、传承是一个重要的议题。在国家文化公园区域中，文化遗产大多呈线性分布的状态，向人们展示着不同地域、不同时代的艺术和文化特色，它们随着我国旅游业突飞猛进的发展而受到越来越多的关注与重视。旅游是非定居人们在异地他乡的游览、感知、审美或一定商务性的行为以及由此而形成的一种社会文化活动现象，其中文化因子的注入成为旅游行为和旅游活动的"灵魂"，换言之，没有文化的旅游即是一种"贫血"的旅游。在遗产与旅游的关系上，人们将文物、古迹等人类精神文明和物质文明的物质遗存作为主体旅游吸引物的旅游方式被称为"文化遗产旅游"，而"文化遗产旅游化"则成为遗产可持续利用的重要方向和手段。所谓"旅游化"是指各类事物（如乡村景观、城市文化资源等）在旅游活动的影响下发生变化的过程，这种过程烙上了明显的目的性、实践性或系统性色彩，是一种理性思维下的行为（活动）方式描述。文化遗产旅游化为文化遗产可持续利用带来了资金保障和诸多益处，并在维护遗产地的地方特色、文化与生态环境方面做出了贡献。但是，与此同时，旅游活动的开展也为遗产地可持续发展带来了诸多问题与挑战。

建设国家文化公园是具有开创性意义的举措，必须深入贯彻落实习近平总书记关于保护好、发掘好、利用好丰富文物和文化资源，让文物说话、让历史说话、让文化说话，推动中华优秀传统文化创造性转化创新性发展、传承革命文化、发展社会主义先进文化等一系列重要指示精神，深刻理解和把握国家文化公园的内涵及线性文化遗产保护传承利用的重点和难点，以长城、大运河、长征、黄河、长江沿线一系列主题明确、内涵清晰、影响突出的文物和文化资源为主干，通过文化遗产旅游化的方式，生动地呈现中华文化的独特创造、价值理念和鲜明特色。[①]

国家文化公园涉及全国众多省区市，关联众多领域。在党中央的领导下，各地严格遵守国家文化公园"四区五工程"建设规划，扎实推进重点项目开发落地。本书从旅游六要素——"吃住行游购娱"的角度出发，对长城、大运河、长征、黄河、长江国家文化公园中业态现状进行横向对比分析，并根据分析结果总结归纳出国家文化公园遗产旅游化可持续利用的典型业态，并为下一步发展有针对性地提出意见建议。

二、业态与旅游业态

（一）业态的定义与内涵

业态（Type of Operation）是指商业企业（主要是零售商业企业）根据经营的产品重点不同和提供服务的差异，为满足不同层次的消费需求而形成的不同的营业形态，是对零售业店铺的经营形态和售卖方式的统称。业态一词最

---

① 《国家文化公园：线性文化遗产保护传承利用的创新性探索》，《中国旅游报》，2021年6月2日。

早出现于20世纪30年代美国的商品零售行业。受到超级市场发展影响,美国人早在1939年就用"Types of Operation"表示零售业态在商业统计中的分类。到20世纪60年代,日本率先正式提出业态这个概念,并同时对其展开理论研究。20世纪80年代"零售业态"一词传入中国,并于90年代得到中国官方正式认可。①

不同于"行业""产业"概念。业态是指某个或多个企业的经营形态,即零售商卖给谁、卖什么和如何卖的具体经营形式。行业是向同一个市场提供产品和服务的所有厂商,产业则是具有某种同一属性组织的集合。业态是行业产生的基础和条件,行业的形成是以业态发展为前提的。产业是各行各业的统称,其概念是介于微观经济细胞(企业和家庭)与宏观经济单位(国民经济)之间的若干"集合"。相对于企业来说,产业是同类企业的集合;相对于国民经济来说,产业是国民经济的一部分。可见,"行业""产业""业态"之间有着十分紧密的联系,同时也存在着区别与不同。

（二）旅游业态的定义和类型

伴随旅游产业的内涵深化与外延拓展,传统的"行业""产业"已无法准确定义旅游业的发展状况。因此,商品零售业中的"业态"一词逐渐进入旅游业,被称为"旅游业态"。"旅游业态"属于经济学的范畴,学者们通常认为,"旅游行业"包含着"旅游业态",而"旅游产业"则包含着"旅游行业",三者间具有一种包含与被包含的关系。②2001年,杨济诗、孙霞琴在《小吃广场应走向休闲娱乐中心、社区购物中心》一文中首次提及"旅游业态"。③此外,陈泳、许南垣和邹再进等国内专家学者也对"旅游业态"概念开展了研究。邹再进将旅游业态定义为一个复合性、动态性和特色性的概念,认为它实际上是对旅游行(企)业的组织形式、经营方式、经营特色和经济效率等的一种综合描述,包含业种、业状和业势三大内容,把业态竞争作为区域旅游竞争的新领域展开研

---

① 杨玲玲、魏小安:《旅游新业态的"新"意探析》,《资源与产业》2009年第11期。

② 杨懿:《旅游业态及其演变机理研究》,云南大学2010年博士学位论文。

③ 杨济诗、孙霞琴:《小吃广场应走向休闲娱乐中心、社区购物中心》,《上海商业》2001年第9期。

究，进而提出了区域旅游业态竞争的方针和策略以及未来旅游业态发展七大趋势。[①]陈泳、许南垣则为旅游业态提供了评价指标体系，并对于旅游业态的发展趋势做出了研究。[②]虽然旅游专家学者已经对"旅游业态"一词表现出浓厚兴趣，但是旅游业态的概念一直较为模糊，已严重制约了相关研究的沟通与合作。

旅游业态是指旅游企业及相关部门，根据旅游市场的发展趋势，以及旅游者的多元化消费需求，提供特色旅游产品和服务的各种营业形态的总和。从狭义的角度看，旅游业态是指旅游企业的经营形态，侧重表现在旅游企业层面上的众多商业模式，如旅游专卖店、旅游超市、"旅行社+航空"、"旅游+房地产"等众多商业模式。而从广义的角度看，旅游业态还包括旅游业的产业结构类型和行业组织形态，侧重表现在旅游产业中的众多业种和诸多业状。旅游业是一项综合性、经济性和商业性极强的服务性产业，所以旅游业态是对旅游行（企）业的组织形式、经营方式、经营特色和经济效率等的一种综合描述。从空间维度上看，它首先应该界定旅游业的业种（包括业种内部的行业）范围，并探讨其结构的合理性和高级化程度；在时间维度上看，它既包括对旅游业当前所处的发展阶段和生存状态的基本认识，也包括对旅游业未来发展趋势的基本预测，是包含了业种、业状和业势三大内容的一个多维复合性概念。

业态是一个具有时间属性的概念，有着从开创、发展、成熟到衰退或复苏的周期性变化。从类型上看，旅游业态可以分为两种：传统旅游业态和旅游新业态。在传统的旅游业态中，由于信息与技术方面的缺陷，旅行社成为旅游业最古老也最具代表性的传统业态。在旅游发展早期，旅行社基本掌握着包含"吃住行游购娱"六要素的旅游全过程。随着我国人民的美好生活需要日益增长、旅游业快速发展和互联网技术广泛普及，传统的旅游业态已无法满足游客日益多样化的需求，多种旅游新业态适时涌现出来。其中，旅游要素未来发展

---

① 邹再进：《旅游业态发展趋势探讨》，《商业研究》2007年第12期。
② 陈泳、许南垣：《旅游房地产业态分析——以丽江为例》，《云南财贸学院学报（社会科学版）》2006年第4期。

就是旅游新业态发展的主体内容。例如，"行"的方面强调"旅速游缓"，邮轮旅游、自驾旅游等发育成一个新的旅游业态；"吃"的方面强调特色，餐饮个性化的私房菜成为一种新的发展方向；"住"的方面强调舒适方便，主题酒店、度假型酒店、高档精品酒店将进一步发展；"游"的方面强调体验生态，森林旅游、湿地旅游、滑雪旅游等旅游项目内容将会更加丰富；"购"的方面强调创意，所以旅游购物品在不断丰富的同时，创新旅游购物方式、增加消费内容变得越来越重要；"娱"的方面强调文化，旅游演艺等新型业态将备受关注。传统旅游业态或以全新的要素组合方式适应市场变化，或随着原有产业边界的模糊发生多产业共生融合，"旅游新业态"应运而生。

三、国家文化公园遗产旅游化可持续利用的典型业态

目前，旅游已成为我国国家文化公园的重点开发领域。在国家发展改革委所下达的文化保护传承利用工程2022年第一批中央预算内投资中，64.9亿元中央预算内投资被用于支持国家文化公园、国家重点文物保护和考古发掘、国家公园等重要自然遗产保护展示、重大旅游基础设施、重点公共文化设施等288个项目。中央投资国家文化公园建设，旨在带动各地政府、社会团体和企业加大资金投入力度，推进国家公园建设，实现文化和旅游高质量发展。

在政府、企业以及当地居民的共同努力下，国家文化公园文化遗产旅游化可持续利用工作正如火如荼地推进，并形成了一批特色鲜明、类型丰富的旅游业态。

（一）传统旅游业态

从旅游要素的角度分析，旅游业态可以分为吃、住、行、游、购、娱六大类。在国家文化公园建设中，围绕旅游六要素衍生出了各式各样的经营形态。

1. 旅游餐饮

吃的方面，餐饮是保证游客旅游行程能够持续进行的基础性支撑要素，旅游餐饮通常包含大众餐饮、休闲餐饮、高端餐饮三种类型的业态形式。饮食是旅游的重要吸引物，具有强烈的地域性、民族性、民俗性等人文特性，在旅

游营销中扮演着重要角色。国家文化公园规划部门借助现代化包装技术与品牌化营销手段将当地特色饮食文化与地方知名美食融合,令游客在享受食物的同时深刻体会到当地饮食文化的魅力,用这种方式保护与传承了地方饮食文化遗产。比如,长城国家文化公园着力打造"长城味道"特色美食品牌,聚集小吃店、奶茶店、酒吧、农家乐餐厅以及星级饭店等不同形式餐馆,打造代表地方特色的文化小吃街区,并通过赋予美食街区别具特色的景观设计以及契合当地文化特色的体验产品,不但帮助游客形成对长城文化更加深刻的理解,而且为发扬长城特色文化做出了巨大贡献。

2. 旅游住宿

住的方面,旅游住宿是旅游者在进行旅游活动过程中的一个重要环节。旅游住宿具有悠久的发展历史,经历了客栈、大饭店、商业饭店、旅游饭店四个时期。目前旅游住宿以大众住宿、高端住宿为主要形式,露营、房车等其他业态形式也正处于蓬勃发展的时期。总体而言,连锁旅店、农家乐、星级宾馆和精品酒店等传统住宿形态仍占据着国家文化公园布局中的主要部分,但休闲别墅、特色民宿、度假村等更具特色、更有个性、更加专业的新兴业态已经受到越来越多游客的青睐。国家文化公园规划设计了一批体现长城文化的"长城人家"品牌民宿、凸显大运河内涵的"运河文化"主题酒店、凝结伟大红色革命精神的"红色"民宿集群、体现黄河沿岸民俗特征的乡村农家乐等针对游客住宿需求而设计的经营产品,一方面给游客留下了与众不同的住宿体验,另一方面又保护与传承了当地传统的建筑文化、住宿文化,为文化延续提供了充足的空间。

3. 旅游交通

行的方面,旅游交通是指旅游者利用某种手段和途径,实现从一个地点到达另一个地点的空间转移过程,其业态形式主要表现在交通运输与娱乐游览两方面。交通运输类型业态是指包含航空、火车、汽车等大众交通行业和房车、轮船、自驾车等个性化特色交通行业的行业形态总和;娱乐游览类型的业态更多聚焦于景区内部交通系统所构成的业态形式,比如景区巴士、索道滑道、游艇游船等，此类业态形式是为满足游客在旅游活动中所产生的娱乐需求而创造的。为使游客在旅游活动过程中更有效地使用上述两类旅游业态形式，交通辅助业态形式起到了关键的作用。旅游交通辅助行业是指高速公路、加油站、交通信息媒介等能为旅游者提供便利的旅游服务的交通业态。国家文化公园旨在将各地区间具有相同文化内涵的文化遗产以公园的方式连接，从而形成线性文化遗产保护与传承布局。"旅游要发展，交通要先行"，为打通各地区之间的交通屏障，助推旅游业高质量发展，各省市在旅游交通辅助业态方面开展了许多创造性建设工作。例如，山西省政府在2018年印发了《黄河、长城、太行三个一号旅游公路规划纲要》，提出修建"一号旅游公路"。"一号旅游公路"项目极大地提升了山西旅游业的关注度与美誉度。山西省永和县东征村是位于旅游公路沿线的一个特色传统村落，黄河一号旅游公路的修建，将东征村红军东征永和纪念馆等红色景点与黄土地貌景观相串联。该村借势以红色旅游为基础，发展窑洞农家乐、特色采摘园、苹果种植等，帮助村民吃上了"旅游饭"。此外旅游公路内文化驿站、房车营地、旅游绿道、观景台等辅助设施的完善更有助于沿线一批藏在大山深处的特色村落迎来新的生机。

4. 旅游活动

游的方面，旅游是一种人们在自由时间前往异地寻求休闲娱乐体验的行为，1991年世界旅游组织将旅游定义为人们为了休闲、商务或其他目的离开惯常环境，到某些地方停留在那儿，但不超过一年的活动。在传统的旅游行为中，景区景点是旅游者所期待的旅游活动的核心部分，是旅游活动中最基本、最重要的内容。党的十九届五中全会审议通过的《中共中央关于制定国民经济和社会发展第十四个五年规划和二〇三五年远景目标的建议》中指出：传承弘扬中华优秀传统文化，加强文物古籍保护、研究、利用，强化重要文化和自然遗产、非物质文化遗产系统性保护，加强各民族优秀传统手工艺保护和传承，建设长城、大运河、长征、黄河等国家文化公园。根据上位规划可知，国家文化公园不仅是对传统意义上景区景点的集中整合，还是为线性文化遗产的保护、利用和传承提供优质环境的宏观区域。长城文化代表了中华民族的勤劳与智慧，展示了中华民族追求和平的意志。长城国家文化公园以古代长城本体为主要保护和利用对象，打响"万里长城"的文化名片，精心规划配套项目，着力做好沿线自然风光、传统村落、名胜古迹等遗产的开发与协调，确保旅游者在游览长城国家文化公园时能够切实体会到"万里长城横贯东西"的文化魅力。

5. 旅游购物

购的方面，常见的旅游购物业态形式可分为综合型和单一型两种。综合型是指步行街、特色街区、购物广场、创意集市等集多种产品和服务于一体的旅游综合体，而单一型则是指作为旅游综合体一部分的旅游纪念品商店、旅游超市、免税折扣店等经营门店形态。旅游购物是旅游活动中的重要部分，旅游者在进行购物行为的过程中，不仅收获了心仪的产品与热忱的服务，而且留下了真实的体验与珍贵的回忆。因此，设计凸显文化特色的文创产品、修建展示文化精神的消费门店、打造体现文化内核的购物综合体能够帮助国家文化公园直观地将民族文化传递给旅游者们，令游客在购物消费的同时更深刻地了解和认知文化内涵。长城文化公园在建设过程中，改变了售卖面包、烤肠、方便面"老三样"的公园商店面貌，主打"一园一品"，各有特色。大运河江苏段作为大运河国家文化公园的重点建设区，肩负打造大运河国家文化公园"江苏样板"的重要任务，现已围绕文旅融合区建成一批以"利用"为主，整合周边优质资源，以文化旅游为主导产业推动地区发展的购物综合体项目。以传统建筑布局与建筑特征为外景展示依据，把文旅融合区作为切入点，将当地主打文化贯彻在购物、体验和教学中，结合精心设计的产品与服务，最大限度地做到文化具象化展示，在保护当地物质遗产的同时做到了抽象文化遗产的传承。

6. 旅游娱乐

娱的方面，旅游娱乐是指旅游者在旅游活动中所观赏和参与的文娱活动。随着经济发展水平的提高，追求娱乐性正在变成旅游动机的主流。旅游娱乐活动作为一种精神产品，横跨文学、艺术、娱乐、音乐、体育等诸多领域，为满足旅游者各式各样的个性化需求而服务。由于旅游娱乐活动的对象是旅游者，所以它们更强调具有民族特色和地方特色，使旅游者耳目一新；强调欢快、热闹、幽默，为大多数人喜闻乐见；强调游客参与性以及旅游娱乐活动项目常变常新；强调高雅文化与民俗文化的结合，在满足大多数人要求的同时，反映出时代特征；强调寓教于乐，使游人在观赏、休憩、娱乐的同时，了解旅游目的地的历史文化、风土人情和科技知识，受到社会文明的熏陶。旅游娱乐活动是国家文化公园文化遗产开发利用的主要方式。长城国家文化公园以"长城文化"为主题，举办"长城文化节"主题活动，以节庆活动的方式将娱乐与文化结合，给游客带来不一样的体验；大运河国家文化公园推出"夜游大运河"娱乐活动，游客得以亲身体验"夜泊秦淮近酒家"之感；长征文化公园建设以来，重点发展红色资源的保护展示与活化利用，新建多处博物馆、纪念馆以及研学教育基地，积极举办长征论坛、教育讲座、现场教学等，进一步传承红色基因、弘扬长征精神。

（二）旅游新业态

一个产业或行业在发展中不可能是一成不变的，而是逐步完善、逐渐改进和深化、转型、升级的。在社会经济不断发展和数字化进程不断加速的时代背景下，为满足旅游者个性化需求和解决旅游市场日益成熟所带来的诸多问题，旅游业在经营对象、经营内容、经营方法等方面不断推陈出新，衍生出种类繁多的新型业态。这些旅游新业态相对于旅游主体产业有新突破、新发展，是旅游业在内部要素提升或外部产业融合过程中产生的全新的产品、组织和经营形态，具有可持续成长性，并能达到一定规模，形成发展态势比较稳定的业态模式。在国家文化公园遗产旅游化过程中，为实现文化遗产的可持续利用，新的旅游业态形式受到了人们的重点关注，并成为遗产保护、资源利用和文化传承的重要途径。

1. 研学旅游

研学旅游又称研学旅行，是由学校根据区域特色、学生年龄特点和各学科教学内容需要，组织学生通过集体旅行、集中食宿的方式走出校园，在与平常不同的生活中拓展视野、丰富知识，加深与自然和文化的亲近感，增加对集体生活方式和社会公共道德的体验。2013年国务院办公厅印发了《国民旅游休闲纲要（2013—2020年）》，明确提出要"逐步推行中小学生研学旅行""鼓励学校组织寓教于游的课外实践活动，健全学校旅游责任保险制度"。"读万卷书，行万里路"，在国家政策的引导与支持下，旅游的教育价值得以重新认识并重视，研学旅游成为青少年素质教育的重要内容与形式。①因此，充分利用研学旅游资源、合理开发研学旅游产品、振兴发展研学旅游业态成为国家文化公园规划开发的重要议题。

教育是国家文化公园重要的功能之一，在文化遗产保护与传承方面发挥了巨大的作用。国家文化公园不单纯是"自然景点"，更是生动的教育素材。在国家文化公园的建设过程中，突出人文景观教育与建设自然景观同等重要。②三门峡大坝位于黄河国家文化公园河南段内，是具有深厚的文化历史内涵的水利工程项目。三门峡大坝是新中国第一项大型水利工程、新中国治理黄河的第一个大工程，代表着我国劳动人民吃苦耐劳、不惧艰险、直面困难的伟大精神。黄河国家文化公园河南段以三门峡大坝为核心对沿线的文化遗产资源进行了重新评价、开发与创新，着力打造了多条精品研学旅游路线，向广大青少年群体展示了劳动人民的精神与智慧。③长征国家文化公园统筹重要红色遗产，擦亮"两万五千里长征"名片，不仅令旅游者在参观红色博物馆、展览馆的过程中学习到了革命历史，更通过歌剧、换装表演、手工制作等方式使游客切身体会了红军长征的艰辛，充分理解长征精神的内涵。国家文化公园将与人民生活相关的重大历史工程串联起来，通过开展研学旅游的形式将历史文化与家国情怀注入青少年教育之中，不仅带动了区域经济转型发展，提升了偏远地区的知名度与影响力，而且有力推动了文化自信建设工作的开展，加强了民族文化研究与保护力度，为文化遗产核心价值具象化提供了载体。作为国家文化公园文化遗产可持续利用的重要业态形式，在发展研学旅游时要时刻注意保护传承与开发利用的关系。要针对不同年龄段，完善研学旅游课程内容，丰富研学旅

---

① 陈东军、谢红彬：《我国研学旅游发展与研究进展》，《世界地理研究》2020年第29期。
② 李玮：《大运河国家文化公园研学旅游发展初探——以江苏段为例》，《科技创业月刊》2020年第33期。
③ 董二为：《四部曲引领国家文化公园建设》，《小康》2021年第9期。

游活动项目，做好研学产品设计与品牌市场营销，为国家文化公园文化遗产可持续利用提供不竭动力。

2. 节事旅游

节事旅游又称事件旅游，是指旅游者受各种节日、庆典、赛事、会展等非日常性活动事件所吸引从而导致旅游行为发生的现象，是一种特殊的旅游形式。[①]节事是对节庆活动和特殊事件活动的统称，主要包括非日常性的节日庆典、文化演艺、体育赛事、会展活动等各类事件活动。随着旅游业的不断发展，节事活动成为地区发展旅游业的重要动力，为目的地旅游经济发展和形象塑造做出了重要贡献。[②]节事活动本质上是一种综合了地区特色自然风光与优秀传统文化遗产的可利用资源，以旅游为载体对其进行开放，有利于深层次挖掘文化内涵和高质量提升品牌知名度。

国家文化公园集中整合了具有突出意义、重要影响、重大主题的文物和文化资源，是中华文化的重要标志。长城、大运河、长征三大国家文化公园是中国不同时代历史文化的载体，黄河国家文化公园则代表着中国五千多年来的民族之魂，它们不仅是中华文明宝贵的文化遗产，更是民族自信的展示平台。长江也是我国的"母亲河"，其沿岸分布着众多文化遗产资源，保护好、利用好这些文化遗产资源意义重大。国家文化公园为实现讲好中国故事、传播中国声音的目标，将节事旅游作为重要业态形式，积极举办各类节事活动，打造了文化交流的重要窗口。长城国家文化公园河北段是长城国家文化公园建设重点段，为保护长城文化遗产，弘扬传统文化，彰显非物质文化遗产的当代价值，河北省文旅厅与秦皇岛市政府于2020年联合举办了以"长城脚下话非遗"为主题的节事活动。活动内容主要涉及长城文化传承与非遗保护研讨、传统手工艺精品展、传统手工技艺项目展销、传统美食项目体验、传统艺术演艺等活动，通过举办长城文化节推进文化遗产与旅游产业的深度融合，吸引大批游客前来参观，带动长城国家文化公园周边地区经济发展的同时彰显了地方特色，为地区旅游业

---

① 潘文焰：《节事资源旅游产业化的机理与路径研究》，华东师范大学2014年博士学位论文。
② 刘慧贞：《节事旅游研究》，广西大学2005年博士学位论文。

发展提供了重要动力。此外，各地区在建设国家文化公园的过程中还积极将当地特色文化与形式各异的节事活动相结合，开展诸如黄河题材美术展、长城墙体摄影展、走"长征路"体育赛事、运河文化学术讲堂等活动内容，用节事方式做到了"让文物说话、让历史说话、让文化说话"，给中华优秀传统文化的保护与传承带来了创新性发展方式。

3. 乡村旅游

乡村旅游是指以乡村地区为活动场所，利用乡村独特的自然环境、田园景观、生产经营形态、民俗文化风情、农耕文化、农舍村落等资源，为城市游客提供观光、休闲、体验、健身、娱乐、购物、度假的一种新的旅游经营活动。[①]受整体收入水平提高、消费观念转变、生活压力增大等因素影响，乡村旅游成为我国城市居民进行旅游决策时的重要选项。近年来，政府部门接连推行相关政策，助力乡村旅游业态发展。2016年中央一号文件指出"大力发展休闲农业和乡村旅游"；2018年《中共中央、国务院关于实施乡村振兴战略的意见》提出"创建一批特色生态旅游示范村镇和精品线路，打造绿色生态环保的乡村生态旅游产业链"。2020年党的十九届五中全会还提出要推动文化和旅游融合发展，发展红色旅游和乡村旅游。乡村旅游以自然生态与民俗文化为主要资源，能够为旅游者提供多种形式的农业旅游和民俗文化旅游产品，满足了游客回归大自然和体验农耕文化的需求。

在国家文化公园内，"文化"与"文化遗产"主要是以线状结构分布。例如，长城国家文化公园以古长城墙体遗产分布为基，按照横贯东西的形式规划布局，大运河国家文化公园也根据古运河南北走向而以沟通南北的形式规划布局。因此，国家文化公园作为一种公共文化载体为沿线城市与乡村提供了宝贵的文化遗产旅游化机遇。特别是对于那些散落在深山老林中的传统乡村来说，国家文化公园建设无疑为发展旅游业提供了巨大的助力。贵州省是当年红军长征路上活动时间最长、活动范围最广的地区，区域内广泛分布着当年红军长征留下的象征伟大长征精神的文物与文化遗产。在贵州长征遗产中，不仅有遵义

---

① 郭焕成、韩非：《中国乡村旅游发展综述》，《地理科学进展》2010年第29期。

会议会址、四渡赤水纪念馆、黎平会议纪念馆等知名红色旅游景点，还存在着各式各样大大小小的红色遗迹。这些知名度不高的红色文化遗产资源零散分布在长征路线上，它们也承载着值得纪念的长征故事。例如，贵阳修文县大木村，1935年4月，中央红军长征至六屯境内时，驻扎于大木村等地。大木村是布依族聚居村落，红军驻扎后便前往寨中进行革命宣传，留下了许多革命口号与标语。这些口号与标语部分仍然保存于世，向人们传递着当年红军的伟大革命精神。长征文化公园的建设中，大木村围绕红色文化与布依族传统民俗文化发展旅游产业，在保持原有历史风貌的基础上完善了各项基础设施，以旅游业为新发展点，带动了红色文化遗产的保护与传承。

第二节 国家文化公园遗产旅游化可持续利用的经典案例

国家文化公园包罗了文化遗产、自然遗产和非物质文化遗产等，有些甚至跨区域、跨文化、跨古今。在遗产旅游化可持续利用方面，中外有许多经典案例值得探究，这里选取了2个国内经典案例，从总体情况、遗产概况、遗产旅游化可持续利用和发展建议四个方面入手，总结提炼遗产旅游化可持续利用的经验、做法，为下一步发展提出可行性意见建议。

一、长城国家文化公园案例

（一）总体情况

长城国家文化公园是整合了长城沿线北京、天津、河北等15个省（区、市）文物和文化资源的国家级景观，其建设范围包括战国长城、秦长城、汉长城、北齐长城、北魏长城、隋唐长城、五代长城、宋长城、辽长城、西夏长城、明长城等具备长城特征的防御体系，如明长城、金界壕等（详见表5-1）。我国长城历经战国、秦、汉、南北朝、隋、唐、五代、宋、辽、西夏、金和明等2000余年的修建，形成总长度为21196.18千米的规模，是典型的线性遗产。长城国家文化公园的建设自2019年中共中央办公厅、国务院办公厅印发《长城、大运河、长征国家文化公园建设方案》起正式启动，这是一项跨省域、跨部门的重大工程，也是线性文化遗产保护和利用的共性问题，其重点在于发掘长城文化价值、传承保护文物遗产，突出弘扬爱国精神、民族精神、奋斗精神和时代精神，为实现中华民族伟大复兴的中国梦凝聚磅礴力量。

表5-1 长城国家文化公园建设范围

序号	省区市	长城遗址	地理位置	特点
1	河北	战国长城—中山国长城	保定市	战国、秦、汉、北魏、北齐、唐、金和明8个不同历史时期修筑
		战国长城—燕长城（包括燕北长城、燕南长城）	张家口市、承德市、保定市、廊坊市	
		战国长城—赵长城（包括赵南长城、赵北长城）	张家口市、邯郸市	
		秦长城（包括东段、西段）	承德市、张家口市	
		汉长城	张家口市、承德市	
		北魏长城	张家口市、承德市	
		北齐长城	张家口市、秦皇岛市	
		唐代长城	张家口市	
		明长城	秦皇岛市、唐山市、承德市、张家口市、石家庄市、保定市、邯郸市	
		金界壕南线—金长城	承德市、张家口市	
2	北京	北齐长城	密云区、怀柔区、昌平区、门头沟区	
		明长城	平谷区、密云区、怀柔区、昌平区、延庆区、门头沟区	
3	天津	明长城	蓟州区	长城体系完整
4	内蒙古	战国长城—秦昭王长城	鄂尔多斯市	包括战国、秦、汉、北魏、北宋、西夏、明等多个历史时期，墙体长度达7570千米
		战国长城—燕北长城	赤峰市、通辽市	
		战国长城—赵北长城	乌兰察布市、呼和浩特市、包头市、巴彦淖尔市	
		秦长城	巴彦淖尔市、包头市、呼和浩特市、乌兰察布市、赤峰市、通辽市	
		汉长城—朔方郡长城	巴彦淖尔市	
		汉长城—汉武帝时期长城	赤峰市、呼和浩特市、包头市、巴彦淖尔市、阿拉善盟	

续表

序号	省区市	长城遗址	地理位置	特点
4	内蒙古	北魏长城（包括六镇长城南线、泰常八年长城、六镇长城北线、太和长堑）	包头市、乌兰察布市、呼和浩特市、锡林郭勒盟	包括战国、秦、汉、北魏、北宋、西夏、明等多个历史时期，墙体长度达7570千米
		西夏长城遗址	巴彦淖尔市、阿拉善盟	
		北宋长城	鄂尔多斯市	
		隋唐长城	鄂尔多斯市	
		明长城（包括外长城、内长城、长城次边）	乌兰察布市、呼和浩特市、鄂尔多斯市、乌海市、阿拉善盟	
		金界壕	锡林郭勒盟、包头市、呼伦贝尔市、通辽市、兴安盟、乌兰察布市	
5	陕西	战国长城—秦东部长城	渭南市、延安市	
		战国长城—秦昭王长城	延安市、榆林市	
		魏长城—魏河西长城	华阴市、韩城市、延安市	
		秦长城	延安市、榆林市	
		隋唐长城	神木市、靖边县	
		明长城	榆林市、延安市	
6	甘肃	战国长城—秦昭王长城	定西市、平凉市、庆阳市	
		汉长城（亦称河西汉塞、河西汉长城）	兰州市、武威市、金昌市、张掖市、酒泉市、玉门市、敦煌市	
		明长城	兰州市、武威市、张掖市、酒泉市、嘉峪关市	
7	山西	战国长城	晋城市	总长约1400千米
		北魏长城	忻州市	
		北齐长城	吕梁市、忻州市、原平市、山阴县、朔州市、大同市、晋城市	
		宋长城	忻州市	
		明长城	大同市、朔州市、忻州市、原平市、阳泉市、晋中市、长治市	
8	黑龙江	金界壕	齐齐哈尔市	全长达200千米
9	吉林	汉长城	通化市	
		唐长城	长春市、四平市	
		金界壕	延边朝鲜族自治州、龙市、龙井市、延吉市、图们市、珲春市	

序号	省区市	长城遗址	地理位置	特点
10	辽宁	战国长城—燕北长城	丹东市、本溪市、抚顺市、沈阳市、铁岭市、阜新市、朝阳市	
		秦长城	丹东市、本溪市、抚顺市、沈阳市、铁岭市、阜新市、朝阳市	
		汉长城	丹东市、朝阳市、锦州市、抚顺市、沈阳市	
		辽长城	大连市甘井子区	
		北齐长城	葫芦岛市绥中县	
		明长城—辽东山地明长城	丹东市、本溪市、抚顺市、铁岭市	
		明长城—辽河平原地区明长城	铁岭市、沈阳市、辽阳市、鞍山市、盘锦市、锦州市	
		明长城—辽西丘陵地区长城	阜新市、朝阳市、锦州市、葫芦岛市	
11	山东	齐长城	济南市、泰安市、莱芜市、淄博市、潍坊市、临沂市、日照市、青岛市	
12	河南	战国长城—楚长城	平顶山市、驻马店市、南阳市、邓州市	
		战国长城—魏长城	郑州市管城区、荥阳区、巩义区、新密市	
		战国长城—赵长城	安阳市、林州市、黄华镇	
13	青海	明长城—主线	海东市、西宁市	
		明长城—辅线	海东市、西宁市、海南藏族自治州、海北藏族自治州	
14	新疆	汉长城	沿丝绸之路的南、北两道分为南、北、中三道	
		唐长城	沿三条古丝绸之路	
15	宁夏	战国长城—秦昭王长城	固原市、中卫市	
		秦长城	固原市、中卫市	
		北宋长城	吴忠市、中卫市、固原市	
		明长城	宁夏东部及东北部、北部、西部及西北部，以及东部偏南地区	

（二）遗产概况

长城作为世界现存规模最大的人工建筑遗存和文化遗产，在人类文明史上占有重要的地位。1985年，我国加入《保护世界文化和自然遗产公约》，1987年12月，长城被联合国教科文组织批准列入世界遗产名录（文化遗产）。长城是最具民族文化特色的线性带状文化遗产, 也是延续时间最长、分布范围最广、军防体系最复杂、规模最庞大和影响最深远的文化遗产类型。[1]长城文化遗产包括长城墙体、壕堑、单体建筑、关堡和相关设施等43721处(座/段), 其中墙体10051段, 壕堑/界壕1764段, 单体建筑29510座, 关、堡2211座, 其他遗存185处。长城沿线404个县有世界文化遗产7项, 国家非物质文化遗产366项, 国家历史文化名城14座, 国家历史文化古镇27座, 全国重点文物保护单位910处。此外, 长城沿线还保存着大量长城村落, 保留了许多与长城有关的名人逸事、农耕生活、民俗节庆等文化遗产。

(三)典型案例

长城国家文化公园所涵盖的长城沿线15个省(区、市)中, 大部分长城文化遗产已作为旅游资源被开发利用, 依托长城文化遗产, 建成山海关、慕田峪长城风景区、沂蒙山景区等国家5A级旅游景区9个; 居庸关长城景区、司马台长城景区、九门口水上长城等4A级旅游景区12个; 八达岭古长城、大峰山齐长城旅游区等3A级旅游景区7个; 石峡关长城等2A级旅游景区4个, 形成其他景区、经典近百个。省区市中, 北京市、河北省是长城文化遗产旅游资源被开发利用最好的, 下文以长城国家文化公园(北京段)慕田峪长城为例。

1. 慕田峪长城基本情况

慕田峪长城位于北京市怀柔区渤海镇慕田峪村, 西接居庸关, 东连古北口, 构成一个完整的防卫体系, 以"万里长城慕田峪独秀"之美享誉中外。景区内山峦叠嶂, 植被覆盖率达90%。长城全长5400米, 是中国目前最长的长城段, 也是著名的北京十六景之一, 国家5A级旅游区。景区中设有国内一流的登城缆车, 开发了中华梦石城、施必得滑道等项目, 形成了长城文化、石文化和体育健身娱乐的有机结合。慕田峪长城所在的慕田峪村以及周边村落, 依托长城文旅资源, 吸引外国人开发"洋民俗", 结合美丽乡村建设, 形成特色长城脚下"国际村", 吸引国外游客吃在田仙峪、住在北沟村、游在慕田峪、购在辛

---

① 刘艳等:《长城世界文化遗产保护研究》,《中国国情国力》2016年第10期。

营村。

2. 慕田峪村做法

慕田峪村位于慕田峪长城风景区内，总面积8平方千米，全村共有188户，现有9个国家（地区）的22户外籍友人在村内"安家"。村内生态环境优美，山场广阔、果品丰富，自然景观众多，植被覆盖率达96%。拥有长城文化遗产和山林文化遗产，曾获"首都绿色村庄""北京市十大最美乡村"等称号。

（1）开发特色产业。1988年慕田峪长城对外开放后，村庄以民俗接待、旅游商品经营等旅游附属产业为主导产业，吸引外国人来投资办企、租住房屋、兴建旅游服务设施，甚至开办"洋民俗"，其中最具代表性的成果是改建废弃的慕田峪村小学为小园餐厅。

（2）大胆创新思路。慕田峪村提出构建"长城国际文化村"思路，盘活村落内闲置的土地和资产，吸引人才回乡就业。村民将闲置房屋改造为小酒馆等特色建筑，结合中西方设计理念，在保持传统风貌的同时融入西方建筑风格，适度保留青砖灰瓦，搭配吊灯油画，使得长城文化与西方文明交融。

（3）共享发展机遇。慕田峪村牵头与田仙峪村、北沟村、辛营村共建"长城国际文化村"，协同发展共建"吃、住、游、购"发展格局，并与美国麻州（马萨诸塞州）霄本村结成"国际姊妹村"，形成了"中外文化并存、世界人民相邻"的独特景观。

3. 北沟村做法

北沟村距离慕田峪景区仅0.9公里，村域面积3.22平方公里，截至2021年初，全村共有153户，其中外来者30户，15户为外国人。原主导产业为板栗、核桃等土特产的生产和营销，已逐渐转向三产观光农业、民俗、民宿。先后被评为"首都生态文明村""北京市民俗旅游村"、第一批"全国乡村旅游重点村"等。

（1）党建引领村庄发展。北沟村背靠国内外知名的慕田峪长城，地处半山区，拥有近3000亩的山地资源，为了让村里的经济活起来，村党支部巧借地理优势，带领村民种植板栗，村庄走上了旅游观光采摘道路，深蓝方巾、碎花小衣的本家农嫂,成了村庄代言人,北沟村也成了远近闻名的"栗乡"。筹资100余万元对闲置的原村委会办公用房进行规划改造,建起了一个颇具文化韵味的乡村酒店——"北旮旯乡情驿站",意为"好酒不怕巷子深"。在酒店的墙壁上,还挂上了村民的书法作品。积极推动人居环境治理,利用政府投入的1000余万元,组织全体村民兴建村级公路;实施"柴草进院"、旱厕改造、修建步道、栽花种草、治理河道等;实施"传统文化进北沟"项目,修建"传统文化一条街",在主街道两边安装壁画60余块,建文化墙2000余平方米,悬挂字画200余幅,为旅游产业的发展增添了民俗文化内涵。

(2)引入资本打造特色。吸引了一批投资者和一个投资集团进驻,改造已废弃的百年历史的琉璃瓦厂,建成精品乡村遗产酒店——瓦厂酒店,酒店内饰以长城和琉璃瓦为主题;改造村落老旧燃气站,建成三卅精品民宿(共8栋建筑,16间客房,6种房型),每一个房间都有一扇窗可以看到慕田峪长城;改造乡村大棚厨房,建成北旮旯涮肉餐厅;建造瓦美术馆,将北沟村中心广场、田野、公路等公共空间变成"展厅",举办"乡村文艺复兴在发生"暨瓦美术馆《局部城市》展。瓦厂酒店和三卅精品民宿等逐渐投入运营,吸引大批中外游客前往北沟村,为村庄交通、住宿、餐饮等业态的发展注入了新动能。

(3)创新管理持续发展。借助长城文化遗产吸引外籍人士到村投资、居住,给村民带来租金收入、工作岗位,房屋租金从5000元/年涨到现在的最高30万元/年;借助外国居民入住的名气,村民也发展民俗旅游,在房屋设计上融入国际元素,提升民俗旅游档次,目前全村已有30余家高端民俗户;成立北沟北旮旯物业管理有限公司,全面负责北沟村内的基础设施、环境、卫生、护林防火等管理服务工作。2020年北沟村家庭经营总收入897万元,人均可支配收入达到2.94万元,相较于2010年增加近1倍。

4. 田仙峪村做法

田仙峪村位于箭扣长城脚下、慕田峪长城西侧,全村村民共有298户,村域面积9.7平方公里,是龙潭泉和珍珠泉两大天然泉水发源地。田仙峪村四面环山,田仙河从村中流过,山间果林茂盛,有核桃、栗子、柿子、杏等,现有果树面积3400亩，山场面积4400亩，四周覆盖率达98%，主要以板栗种植、冷水鱼养殖、民俗旅游三大产业为主，曾被评为"北京最美的乡村"。

（1）完善基础设施。拥有休憩公园两座，面积2500平方米，可以举办各类文艺演出、大型庆典；建设休闲绿色长廊200米，种植各类树木、花卉2万余棵，铺设草坪5000平方米，村内实现了四季常青，三季开花；建设观光河道1000米、木栈道800米，游客可以沿河散步，近距离欣赏乡村水景；铺设林中山道10公里、观光栈道5000米，游客可以在山坡林中漫步，欣赏长城美景、采摘野菜、捡拾板栗；村内拥有停车位500个，各种大中型车辆畅通无阻；灰白色统一外观的民居错落有致，村内街道全部硬化；安装统一标识设计的中英文广告牌60个，中外游客可以轻松游览。

（2）突出产业优势。田仙峪村水资源丰富，依托雄伟险峻的长城和如诗如画的风景，大力发展民俗旅游业。在北京市政府的"水利富民"推动下，田仙峪村开始冷水鱼养殖项目。在市政府的大力支持下，市水产科学研究在田仙峪村建起北京最早的虹鳟鱼养殖基地，技术成熟、设施齐全、规模完备、特色鲜明。目前，冷水鱼养殖产业先后发展虹鳟鱼养殖户19户，民俗旅游户30户，形成了集虹鳟鱼垂钓烧烤、民俗体验、农家食宿为一体的乡村特色游，实现年接待游客15万人次，年创旅游综合收入1049万元。以冷水鱼餐饮为特色的民俗旅游接待产业发展逐步成熟，拥有顺通、卧佛山庄等龙头企业，每年四月至十月游客络绎不绝，目前已经形成良好的市场效应和较为知名的消费口碑。

（3）发展乡村休闲养老社区。田仙峪村是全市第一个开展盘活农村闲置房屋，发展乡村休闲养老社区的试点村。试点工作将农村闲置房屋所有权、使用权、经营权进行分离，建立"农户+合作社+企业"的经营模式。村委会牵头成立北京田仙峪休闲养老农宅专业合作社，由投资和经营企业国奥集团投入资金改造房屋、建设公共配套设施、完善生活服务体系、建立客户准入和退出机制，吸纳本村剩余劳动力在社区从事保姆、保洁、餐饮等工作。"社会资本+村民"双赢养老社区一共有30座院落，为综合服务中心配套和农事活动体验而流转的60亩农用地。合作社每年还会获得养老社区经营利润10%的分红，用于对社员和全村农民的二次分红。

5. 辛营村做法

辛营村东临慕田峪长城,北临箭扣长城,村域面积1.65平方公里,全村居民171户。辛营村整体风貌及环境较差,旅游服务设施不健全,曾为软弱涣散村,产业基础薄弱。村庄拥有"靖房门"汉白玉石刻城门匾额、九神庙和观音庙遗址、辛营城堡、关帝庙、十字街等历史古迹,及400年以上树龄古槐树(怀柔区一级保护古树)、精品民宿"光影小院"、宿自在小院、顾山壹号等文旅资源。前期以板栗种植农业为主,2013年纳入"长城文化村"进行统一建设,配套餐饮和住宿以及板栗精加工产业链,但是仍然没有形成特色突出的主导产业。

6. 慕田峪长城遗产旅游化可持续评述

慕田峪长城自身开发景观特色有正关台、敌楼、双面垛口、支城、"牛犄角边""鹰飞倒仰"等,游乐设施包括万里长城第一缆车、施必得滑道、长城文化展示中心等,配有游客中心、售票处、办公区、地上及地下停车场等服务设施。通过举办慕田峪长城古风文化节、北京长城文化节、中国长城文化遗珍展、慕田峪长城杯国际文化节书画展等活动,将中国元素与长城文化相融合,努力实现长城遗产旅游化可持续发展。慕田峪长城周边村庄,以慕田峪长城为背景,以吃在田仙峪、住在北沟村、游在慕田峪、购在辛营村为定位,抱团共建"长城国际文化村",田仙峪村、北沟村、慕田峪村均已依托长城文化遗产,形成亮点突出的主导产业,但具有同样区位优势的辛营村,尚未实现"购在辛营村"的目标定位。下一步市、区、镇三级在人才、资金、政策等方面,应加大向辛营村倾斜力度,逐项分析优劣势,找寻发展突破口。

(四)发展建议

1. 保护现状

2021年7月,联合国教科文组织第44届世界遗产大会上,长城被世界遗产委员会评为世界遗产保护管理示范案例。在长城保护传承利用方面,我国实施了一系列积极有效措施,使长城遗产突出的普遍价值得到了妥善保护,为巨型线性文化遗产和系列遗产保护贡献了卓有成效的"中国经验"和"中国智慧"。

国家层面，先后出台《长城保护维修工作指导意见》（2014年）、《长城执法巡查办法》（2016年）、《长城保护员管理办法》（2016年）、《长城保护规划编制指导意见（试行）》（2016年）、《长城保护总体规划》（2019年）等专项行业标准、规范性文件。省区市层面，全国15个省（区、市）中，13个出台了法律法规或地方政策、14个出台了规划文件、全部建立了体制机制、11个拥有全国重点文物保护单位、部分成立了保护队伍（详见表5-2），为文化遗产旅游化可持续利用提供了良好环境。

表5-2 长城国家文化公园保护政策、体制及机构

序号	省区市	法律法规或地方政策	规划文件	体制机制	全国重点文物保护单位	保护队伍
1	河北	《河北省长城保护办法》（自2017年2月1日起施行） 《河北省长城保护条例》（自2021年6月1日起施行）	《长城国家文化公园（河北段）建设保护规划》（2021—2035年）	国家文化公园建设工作领导小组（宣传部部长任组长）	万里长城——山海关、金山岭长城、万里长城——紫荆关、万里长城——九门口、金界壕遗址	京津冀长城保护联盟；河北秦皇岛市首创"长城保护员"机制
2	北京	《北京市长城保护管理办法》（自2003年8月1日起施行）	《北京市长城文化带保护发展规划（2018—2035年）》	国家文化公园建设工作领导小组（宣传部部长任组长、办公室设在宣传部）	居庸关云台、万里长城——八达岭长城（司马台段）	长城专职保护员队伍；京津冀长城保护联盟；中国文化遗产研究院、中国文物保护基金会等10家单位共同发起成立的长城保护联盟
3	天津	《天津市黄崖关长城保护管理规定》（自1993年6月14日起生效）	《长城国家文化公园（天津段）建设保护规划》	国家文化公园建设工作领导小组（副市长任组长、办公室设在文旅厅）	—	京津冀长城保护联盟

续表

序号	省区市	法律法规或地方政策	规划文件	体制机制	全国重点文物保护单位	保护队伍
4	内蒙古自治区	《加强自治区境内长城保护工作的意见》（2015年发布）《包头市长城保护条例》（自2017年10月1日起实施）	《内蒙古自治区长城保护规划》（2021—2035年）	国家文化公园建设工作领导小组（宣传部部长任组长、办公室设在文旅厅）	固阳秦长城遗址、金界壕遗址、纳林塔秦国长城遗址	阿拉善左旗驼峰（长城）文物保护队
5	陕西	《长城保护条例》（自2006年12月1日起施行）	《陕西省长城保护总体规划》（2021—2035年）	国家文化公园建设工作领导小组（宣传部部长任组长、办公室设在宣传部）	镇北台	
6	甘肃	《甘肃省长城保护条例》（自2019年7月1日起施行）	《长城国家文化公园（甘肃段）建设保护规划》	国家文化公园建设工作领导小组（宣传部部长任组长、办公室设在宣传部）	万里长城——嘉峪关	
7	山西	《山西省长城保护办法》（自2021年4月1日起实施）	《山西省长城板块旅游发展总体规划》	国家文化公园建设工作领导小组（副省长任组长、办公室设在文旅厅）	长城雁门段	
8	黑龙江	《金界壕遗址（黑龙江段）文物保护规划》（初稿）	《"十四五"文化和旅游发展规划》	国家文化公园建设工作领导小组（宣传部部长任组长、办公室设在宣传部）	金界壕遗址（黑龙江段）	
9	吉林	—	—	国家文化公园建设工作领导小组（宣传部部长任组长、办公室设在文旅厅）	—	
10	辽宁	《长城执法巡查实施细则》（自2016年11月29日起执行）	《长城国家文化公园（辽宁段）建设保护规划》	国家文化公园建设工作领导小组（宣传部部长任组长、办公室设在文旅厅）	万里长城——九门口	

序号	省区市	法律法规或地方政策	规划文件	体制机制	全国重点文物保护单位	保护队伍
11	山东	《关于加强齐长城保护管理工作的意见》(鲁政办字〔2016〕29号)	《山东省国家文化公园建设实施方案》	国家文化公园建设工作领导小组(宣传部部长任组长、办公室设在文旅厅)	齐长城遗址	
12	河南	《长城保护员管理办法》(自2016年1月28日起执行)	《河南省文物博物馆事业发展"十四五"规划》	国家文化公园建设工作领导小组(宣传部部长任组长、办公室设在文旅厅)	青龙山长城遗址、密县长城遗址	
13	青海	《关于加强青海明长城保护管理工作的意见》(2019年8月30日起施行)	《长城国家文化公园(青海段)建设保护规划》	国家文化公园建设工作领导小组(副省长、宣传部部长任组长、办公室设在文旅厅)	—	
14	新疆维吾尔自治区	—	《长城国家文化公园(新疆段)建设保护规划》	国家文化公园建设工作领导小组(党委副书记任组长、办公室设在文旅厅)	—	
15	宁夏回族自治区	《宁夏回族自治区长城保护条例》(自2022年1月1日起施行)	《长城国家文化公园(宁夏段)建设保护规划》	国家文化公园建设工作领导小组(宣传部部长任组长、办公室设在文旅厅)	长城—秦长城遗址	

2. 当前不足

近年来,国家文物局组织实施保护、整治、考古项目近600项,打造北京箭扣、河北喜峰口长城研究型保护示范项目,不断加大人员培训力度,推动公众参与长城保护实践,提升了保护管理能力、水平。但长城国家文化公园沿线省区市较多,遗产旅游化可持续发展水平参差不齐,究其根本主要存在三点原因:一是概念提出新,长城国家文化公园概念提出不久,各省区市对长城国家文化公园建设理解不一,在建设上很难步调一致;二是监管难度大,缺乏全链条的监管体系,没有统一尺度衡量建设成果;三是省区市差距大,例如,北京作为政治中心、文化中心,有雄厚的财力、大批的人才、完备的政策投入长城国家文化公园建设,保障长城遗产旅游化可持续发展,但其他省区市相对困难。

3. 意见建议

长城沿线分布着种类丰富、历史文化价值较高的中华优秀传统文化资源、革命文化资源和社会主义先进文化资源。未来长城国家文化公园在遗产旅游化可持续利用方面,一是要继续完善管理体系,保障各项政策落实、落地、落细;二是要统筹考虑发展,不能完全以各省区市划分责任;三是要采取"抓两头带中间",强化示范,努力树好标杆,突出后进,推动整体转化,突破中间,促进巩固提升。

二、大运河国家文化公园案例

(一)总体情况

大运河国家文化公园是由国家主导管理并推进实施,以传承中国文化为目的,以维护大运河自然资源的完整性、彰显大运河遗产的历史真实性、文化延续性为主要发力点,并在此基础上充分发挥大运河的功能效益,合理开发利用大运河,同时具有游赏娱乐、科学研究和文化教育等作用的特定文化遗产核心地带。大运河国家文化公园主要由隋唐大运河、京杭大运河和浙东大运河三部分组成,包括通惠河、北运河、南运河、会通河、中(运)河、淮扬运河、江南运河、浙东运河、永济渠(卫河)、通济渠(汴河)10个河段(详见表5-3),全长近3200公里,开凿至今已有2500多年历史,串起北京、洛阳、杭州等古都,跨越了北京、天津、河北、山东、河南、安徽、江苏、浙江8个省市,沟通黄河、长江、海河、淮河、钱塘江,为古代中国的统一与持续发展,中华文明的和谐进步与长期繁荣,以及近代以来国家发展和中国共产党领导的革命、建设和改革取得成功发挥了独特作用。

表5-3 大运河国家文化公园主要河段

序号	组成部分	地理位置	河段	省市	基本情况
1	京杭大运河	北起北京，南至杭州，经北京、天津两市及河北、山东、江苏、浙江四省，沟通海河、黄河、淮河、长江、钱塘江五大水系。全长1794千米。	江南运河	江苏浙江	北起江苏镇江、扬州，绕太湖东岸达江苏苏州，南至浙江杭州。以东线长度计算，全长3238公里。
			南运河	山东河北天津	南运河南起山东省临清，向北经山东德州市、河北省故城、景县、阜城、吴桥、东光、南皮、泊头、沧县、沧州市区、青县，至天津市静海区三岔口与北运河相连，全长446公里。
			通惠河	北京	主要位于通州区和朝阳区。一般指从东便门大通桥至通州区入北运河这段河道，全长20千米。
		北起北京，南至杭州，经北京、天津两市及河北、山东、江苏、浙江四省，沟通海河、黄河、淮河、长江、钱塘江五大水系。全长1794千米。	北运河	北京河北天津	干流（即京杭大运河北段航道）北起北京市通州区（原通县）北关闸（上源为温榆河），于西集镇牛牧屯东南流出境，大致自北向南，经河北省香河县、天津市武清区、北辰区、红桥区等。干流全长120公里（《天津通志·水利志》称148公里），流域面积5300平方公里。
			会通河	山东	指自元代东平路须城县之安山西南起，经寿张西北，过东昌（今聊城），再西北达临清之会通镇与御河（卫河）相接的一段河道。也就是现在穿越聊城市境的京杭大运河。
			中运河	江苏	京杭大运河江苏北段、淮河流域沂沭泗水系人工河流。上起山东台儿庄区和江苏邳州市交界处，与鲁运河最南段韩庄运河相接。同时，微山湖西航道——不牢河航道自西向东南至大王庙汇入中运河，也属于中运河范畴，两航道汇合后，东南流经邳州市，在新沂市二湾至皂河闸与骆马湖相通，皂河闸以下基本上与废黄河平行，流经宿迁、泗阳，至淮阴杨庄，下与里运河相接，全长179公里（计算湖西航道则近300公里），区间流域面积6800平方公里。
			淮扬运河	江苏	指的是从江苏省淮安市（中国大运河与古淮河交点）到扬州市（中国大运河与长江交点）的这段河道，全长170余公里。

序号	组成部分	地理位置	河段	省市	基本情况
2	浙东大运河	始建于春秋时期,是中国浙江省境内的一条运河。	浙东运河	浙江	西起杭州市滨江区西兴街道,跨曹娥江,经过绍兴市,东至宁波市甬江入海口,全长239公里。
3	隋唐大运河	地跨北京、天津、河北、山东、河南、安徽、江苏、浙江8个省、直辖市,是中国古代南北交通大动脉,在中国历史上产生过巨大作用,是中国古代劳动人民创造的一项伟大的水利建筑工程。	永济渠（卫河）	河南河北山东天津北京	是隋朝最北端的水运河道,从洛阳对岸的沁河口向北出发,直通涿郡(今北京境内),全长约950公里。
			通济渠（汴河）	河南安徽江苏	自河南省郑州市荥阳的板渚出黄河,至江苏盱眙入淮河,共流经现今3个省6个市20个县区,全长650公里。

（二）遗产概况

大运河是中华民族最具代表性的文化标识之一,自2006年起,国务院陆续将215个价值突出的大运河文物公布为全国重点文物保护单位。2014年6月,大运河被列入世界遗产名录。2018年,世界遗产委员会将大运河推选为世界遗产保护管理年度优秀案例。《大运河文化遗产保护传承规划》(2020年印发)将大运河沿线与其历史文化价值存在直接关联的文物和非物质文化遗产代表性项目列为主要规划对象,明确了保障措施以及作为规划保护重点的368项大运河代表性文物和450余项国家级非遗项目清单。大运河国家文化公园沿线省(区、市)文物资源丰富,结合相关研究,大运河沿线非物质文化遗产的不完全统计结果如下:列入联合国教科文组织非遗名录(名册)项目18项,国家级非遗代表性项目1040项,国家级非遗代表性传承人1016名,省级非遗代表性项目5123项,省级非遗代表性传承人4608名。世界文化遗产点58个,全国重点文物保护单位1606处,历史文化名城名镇名村277项,博物馆2190座。[①]

---

① 田林:《大运河国家文化公园建设中非遗要素植入模式研究》,《中国非物质文化遗产》2022年第1期。

（三）典型案例

大运河国家文化公园比长城、长征、黄河和长江国家文化公园涉及的区域更加复杂和特殊。大运河沿岸有着密集的人口分布、活跃的人类活动和丰富的文化艺术遗存。①大运河国家文化公园遗产众多，文化遗产广泛应用到沿线各地旅游发展当中，北京有大运河文化旅游景区、天津有杨柳青国家大运河文化公园、河南有大运河文化主题公园、河北有唐津运河生态旅游度假景区（4A）、江苏有桥西历史文化街区（4A）、山东有济宁城区古运河、浙江有大运河亚运公园、安徽有大运河国家文化公园柳孜运河遗址区等，下文以大运河国家文化公园通州段（全长约42公里，串联了潞城、张家湾、西集、漷县等乡镇和多个村庄）为例。

1. 北运河通州段基本情况

大运河是中华文明的重要标志，又是活着的、流动的世界文化遗产。通州在北京市确定的"三个文化带"中，是大运河文化带建设的重点地区。通州运河文化带建设重点打造"四大片区"，通州古城片区定位为运河文化核心区、路县故城遗址片区定位为通州文化起源区、漷县古城片区被定位为运河文化外延区、张家湾古城片区定位为运河文化聚集区。大运河国家文化公园通州段于2021年起全线通航，为游客提供"一短""一长""一夜航"三种游览模式。40公里长的航线沿岸打造"绿道花谷"和"延芳画廊"两大景区。"绿道花谷"利用榆林庄水闸、杨洼水闸等形成水面，建设集防洪、水质净化、生态景观功能为一体的湿地公园；"延芳画廊"通过延芳湿地公园建设，带动周边大片林地的发展，形成自然优雅的景观带。此外，北运河沿岸建设有慢行道、休息区、观景区等服务设施。利用此前的河堤路、巡河路打造集骑行、步行等功能为一体的慢行系统，让游客有的看、有的玩，能在运河边停驻下来。通州段串联的潞城（路县故城遗址所在地）、张家湾、西集、漷县四个镇在相同的文化发源处，历经岁月后展现出不同的文化特色，潞城形成了"通州船工运河号子"文化；张家

---

① 孙佳俐等：《大运河国家文化公园背景下的聚落更新——以京杭大运河通州段为例》，《中国艺术》2021年第5期。

湾形成了漕运和红学的特色文化符号；西集形成了运河汉服文化集市；漷县集聚医疗资源形成文化健康小城镇。

2. 潞城镇做法

潞城镇位于北京市正东，长安街东延长线上，处于京杭大运河、运潮减河、潮白河三河环绕之中，呈西北—东南斜向狭长形，西北端与现通州主城区接壤，北临宋庄镇以及河北省三河市，南接张家湾镇，东南端与西集镇相连。拥有运河古道、运河石雕、非遗运河号子等文旅资源。潞城镇深入挖掘以大运河为核心的历史文化资源，突出大运河促进文化发展的桥梁作用，一是改造扩建大运河水梦园为大运河水梦园湿地公园，原大运河水梦园的37组71件水文化实物遗产转运至三教庙和漕运码头石刻园；二是传承非物质文化遗产"通州船工运河号子"，举办唱响运河号子传承非遗文化项目发布会，成立非遗文化传承志愿服务队，聘请"老河底运河研究会"会长萧宝岐老师、"通州船工运河号子"文化传承人赵义强老师为潞城镇特约讲师，普及讲授运河文化；三是支持鼓励夏店村等改造建成一批民宿，由潞城镇组建安寓公司，通过一站式托管服务，运营闲置房源，盘活现有居住资源，打造宜居安居新型住房，同时助力百姓增收。

3. 张家湾镇做法

张家湾镇位于北京市通州区东南部，是一座具有千年历史的文化古镇，素有"大运河第一码头"之称，尤以漕运、红学文化发达著称于世。镇域内保留有通运桥、张家湾古城遗址、巨型花板石、600年的古槐，以及高跷、武术、庙会等丰富的传统民俗文化和逸事传说，此外传承着非物质文化遗产古铜张派青铜器复制制作技艺、非物质遗产毛猴等。中国大运河被列入世界文化遗产后，张家湾古城遗址与通运桥作为大运河上典型河道段落和重要遗产点，也从北京市文物保护单位升级为第七批"国保"。张家湾镇以大运河文化遗产为依托，打造一流特色小镇，一是编撰《漕运古镇张家湾》，作为《文化通州》系列丛书的第七册，将引领读者从漕运文化、现存遗迹、红学文化、民族融合、民俗文化五个方面了解张家湾，认识通州；二是围绕张家湾城遗址与通运桥的古镇规划，坚持古今交融，加快河道整治、萧太后河景观提升，营造宜人亲水环境，做好古镇遗迹、特色老店保护，留住历史记忆；三是与中央美术学院初步达成两个合作意向，一个是特色门户设计项目，利用漕运和红学特色文化符号，提升张家湾镇区域辨识度，目前已进入设计阶段；另一个是"张家湾镇历史影像资料全球征集"项目，深挖文化历史遗迹，面向全球线上线下征集张家湾镇历史照片、影片、图片等影像资料，为张家湾古镇建设提供文化支撑。

4. 西集镇做法

西集镇位于通州区东南部，镇域面积91.4平方千米。秦汉时期，西集镇便形成聚集村落，拥有2000多年的发展史。境内河道有北运河、潮白河和运潮新河，总长度44.4千米，河网密度0.5千米/平方千米。西集镇借大运河国家文化公园北京段通航契机，不断改善生态环境质量，打造宜居宜业美好家园。一是实施污水治理、裸地治理、"揭网"复绿等项目，完成金星公园景观、绿化景观提升、潮白河森林生态景观带建设（四期）、平原重点区域造林绿化等工程，建设马坊村、侯各庄村2个村头公园。二是举办西集汉服文化节，以大运河历史文化背景，打造西集镇运河集市IP，集市内穿插市井艺术、街头娱乐、古风打卡体验等众多元素，国风古玩、文创产品、非遗特色、西集大樱桃、西集家宴、网红小吃齐聚一堂。三是打造运河旅游线路，深挖周边特色乡村文化，通过提升休闲农业园，改造民俗接待户等措施，打造出都市型现代休闲农业产业基地，进一步推动了休闲农业高质量发展，实现农民创业增收。

5. 漷县镇做法

漷县镇位于通州区东南部、京杭大运河之滨，曾是南北漕运交通之腹地。其古城墙四周围绕着一圈护城河，包括北运河、港沟河、萧太后河等。漷县仍保留了护城河遗迹、漷县东门石桥、大运河滚水坝遗址等。漷县镇定位为文化健康小城镇，以传统文化为核心，以文艺活动为载体，以医药健康产业园建设为支撑，充分挖掘本地历史文化资源，大力推动全镇文化事业高质量发展。一是打造以大健康产业为核心的产学研融合创新发展示范区，集聚区定位为生物医药和大健康产业园；二是打造漷县书院，总建筑面积3854平方米，日参加活动300人次，包含多功能厅、图书馆、摔跤馆、太极馆、道德讲堂、匾额陈列室，满足和丰富群众的业余文化需求；三是推出张庄运河龙灯、靛庄景泰蓝、曹氏祠堂、邢德荣烈士墓等特色文化品牌，挖掘传承漷县千年文化资源。其中，张庄村的运河龙灯是大运河畔最具特色的非物质文化遗产之一。

（四）发展建议

1. 保护现状

国家发展改革委联合国家文物局、水利部、生态环境部、文化和旅游部分别编制了文化遗产保护传承、河道水系治理管护、生态环境保护修复、文化和旅游融合发展四个专项规划，指导沿线8个省市编制了8个地方专项规划，目前4个专项规划和8个地方实施规划已全部正式印发，大运河文化保护传承利用的"四梁八柱"规划体系已经形成，也意味着大运河国家文化公园建设的顶层设计已经基本完成，在制度上为保护好、传承好、利用好大运河国家文化公园提供了保障。

2. 当前不足

国家发展改革委等部门编制的文化遗产保护传承专项规划，提出六方面主要任务即分别强化文化遗产依法保护、加大文物监督管理力度、改善文物保存保护状况、完善非物质文化遗产保护传承体系、增强遗产传承弘扬能力、加强国际国内宣传推广等。但现阶段，我国大运河国家文化公园遗产旅游可持续发展方面还存在一定不足，主要原因在于：一是大运河国家文化公园政策理论研究滞后于建设实践；二是因缺乏资金、人才等方面支持或历史原因，部分大运河文化资源保存状况不良，难以可持续发展；三是部分省市虽然具备建设大运河国家文化公园的良好条件，但在建设过程中，仍然存在概念认识不清、复杂性认识不足、遗产挖掘不充分、统筹协调不强等问题。

3. 意见建议

推进中国大运河文化带建设，从文化遗产的保护利用到文化景观遗产的保护恢复，再到国家文化公园的建设发展，以让大运河带给人民更加美好的生活为追求，中央到地方、各行业以及社会各界群策群力，充分发挥创造力。①但还需在以下三个方面加以提升：一是推动系统性保护与建设，坚持真实性、完整性、可持续性等原则，完善管理体制机制，着力遗产保护传承、着力文化资源修复、着力文旅融合创新，坚持宜融则融、能融尽融、以文塑旅、以旅彰文，切实做好大运河国家文化公园保护、传承、利用等工作。在无损资源的基础上进行传承和利用，借助先进科技手段和创新设计，增强展示的多样性、体验的生动性、参与的趣味性，让大运河国家文化公园形象更加立体、多维、可亲近。②二是深入挖掘文化内涵，研究和传播大运河国家文化公园建设中所显现、挖掘出来的中国经验和中国精神，加强区域内、区域间、国际间的交流与研讨，讲好运河故事、中国故事。三是坚持以人民为中心的发展理念，将人民群众对美好生活的需要与大运河国家文化公园建设相结合，统筹大运河文化遗产保护与沿线的生态环境保护提升、名城名镇保护修复、文化旅游融合发展、运河航运转型提升的关系，把文化建设与民生保障改善、经济社会发展、乡村振兴统一起来。

---

① 龚良：《大运河：从文化景观遗产到国家文化公园》，《群众》2019年第24期。
② 朱民阳：《借鉴国际经验 建好大运河国家文化公园》，《群众》2019年第24期。

第六章

五大国家文化公园遗产可持续利用的模式创新

国家文化公园建设是国家公园建设的延伸，是在生态保护新模式探索的基础上对文化传承"中国范式"的探索。自2017年《关于实施中华优秀传统文化传承发展工程的意见》中首次提出规划建设一批国家文化公园后，我国先后提出建立长城、大运河、长征、黄河、长江五大国家文化公园，并进行试点建设。五大国家文化公园具有典型的线性特征，空间范围广，涉及28个省、自治区、直辖市，涵盖多种类型的地形、地貌，沿线资源禀赋与建设基础差异巨大。根据文物和文化资源的空间布局、自然条件与资源禀赋以及配套设施差异，统筹规划、因地制宜，整合国家文化公园沿线文化资源，实现文化遗产的保护传承与利用，拓展其文化教育、公共服务、观光休闲、科学研究功能，打造中华文化品牌标志，是国家文化公园建设的主要目标。其中，探索创新模式是实现国家文化公园遗产可持续利用的重点。

目前中央已在相关建设方案中明确提出，采用中央统筹、省负总责、分级管理、分段负责的方式，重点建设管控保护、主题展示、文旅融合、传统利用4类主体功能区。根据国家总体要求，五大国家文化公园围绕遗产传承保护、研究探索、文旅融合、教育研究等方面进行了探索与实践，并形成了一系列模式创新成果。本章将分别对长城、大运河、长征、黄河、长江五大国家文化公园的遗产可持续利用创新模式进行系统梳理，并对目前存在的问题和经验进行总结。本章由三节组成：第一节从传承保护、研究探索、文旅融合、数字再现、教育培训等五个方面梳理五大国家文化公园的模式创新；第二节对其模式创新进行总结；第三节分析五大国家文化公园建设存在的问题并进行经验总结。

第一节　五大国家文化公园遗产
可持续利用的创新模式

一、长城国家文化公园遗产可持续利用的创新模式

长城作为我国线性文化遗产资源的典型代表，遗址多且分散，区域跨度大，保存环境复杂，涉及北京、天津、河北等15个省区市，是我国乃至全世界体量最大、分布范围最广的军事防御体系类型的历史文化遗产。长城墙壕遗存总长度2.1万千米，各类遗存总数4.3万余处（座/段），长城沿线404个县（市、区）有8项世界文化遗产，1项世界文化景观遗产，910处全国重点文物保护单位，366项国家级非物质文化遗产，14座国家历史文化名城，27座国家历史文化名镇。此外，长城沿线还保存了大量的与长城密切相关的历史文化村落，保留了许多与长城有关的重大历史事件、名人逸事、农耕生活、民俗节庆等文化遗产。

《长城国家文化公园建设保护规划》提出按照"核心点段支撑、线性廊道牵引、区域连片整合、形象整体展示"的原则构建总体空间格局，重点建设管控保护、主题展示、文旅融合、传统利用四类主体功能区，实施长城文物和文化资源保护传承、长城精神文化研究发掘、环境配套完善提升、文化和旅游深度融合、数字再现工程，突出标志性项目建设，建立符合新时代要求的长城保护传承利用体系，着力将长城国家文化公园打造成为弘扬民族精神、传承中华文明的重要标志。

在目前的探索与实践中，长城国家文化公园对保护传承模式、研究开发模式、文旅融合模式、数字再现模式以及教育培训模式进行了以下创新。

（一）保护传承模式

1. 建设完善主题展馆

建设完善主题展馆，按程序推进相关场馆的新建、改扩建工作，建设一批以博物馆为引领，以纪念馆、陈列馆、展览馆等为支撑的长城文化主题博物馆体系，实施一系列展陈提升工程，丰富长城文化的展陈内容，提升传承展示及利用水平。

河北省重点推进山海关中国长城文化博物馆的建设，山海关中国长城文化博物馆作为长城国家文化公园建设标志性工程，省长城国家文化公园建设的"一号工程"，是秦皇岛市当前重点推进的重大项目之一。目前，博物馆基础部分和地下一层主体结构全部完成。一方面完善合作沟通机制，同步推进展陈大纲编制及展陈设计工作。在大纲编制过程中，市长城国家文化公园建设专班同步启动展陈初步设计，建立起展陈设计单位提前介入，与展陈大纲编制单位合力攻坚的工作模式，让展陈设计团队参与到大纲编制之中，实现大纲编制与展陈设计的无缝衔接。另一方面通过拓宽信息渠道，广泛开展文物征集。市专班积极对接省公园办，组织线上会议，由省文物局牵头安排布置省内博物馆支持文物展品，建立省、市、区三级文物征集协调措施，目前，已调查市内外文物线索总计46798件（组），整理藏品清单12673件（组），征集到文物展品4497件（组）。

长城沿线15个省区市均在推进长城主题相关的博物馆、展览馆等工程的建设工作，如八达岭中国长城博物馆、天津边塞京畿重镇主题展示馆、内蒙古固阳秦长城展示馆、嘉峪关关城博物馆新馆陈列展示工程、新疆丝绸之路长城文化博物馆、青海长城非物质文化数字博物馆、黑龙江新丰荣古城活态博物馆提升工程、辽宁虎山长城博物馆改扩建工程、河南方城楚长城博物馆及展示馆提升工程、山东齐长城非物质文化遗产博物馆建设工程等。

2. 推进遗产地原真保护

遗产所在地的社区与遗产保护和传承有着最为密切的关系，应深度挖掘长城沿线各地历史事件、代表人物、故事传说、民俗文化、非物质文化遗产，进一步梳理长城军事防御体系与长城沿线乡村聚落形成与发展的关系,推动长城文化融入长城沿线乡村旅游产品开发,打造一批长城人家、长城社区、长城村落。

北京市延庆区围绕八达岭长城、九眼楼长城等长城文化区域,逐步有序培育了100家"长城人家"主题民宿。此后,北京市将加大力度研究长城文化,继续探索长城非遗小镇、长城文化村和长城人家精品民宿的建设模式,让广大乡镇和人民群众在长城保护中增强获得感,为长城文化带沿线发展注入新的活力。河北省秦皇岛市将打造10个最美长城村落,推进董家口长城戍边文化小镇、车厂长城休闲小镇、中国冷口青龙湾康养旅游度假区温泉小镇、花厂峪红色旅游康养小镇的建设,每个县区建设4至5个长城特色村落,赋能乡村振兴工程。

(二)研究开发模式

1. 搭建学术交流平台

组建中国长城学会、协会等学术团体,开展长城论坛、主题讲座、专家座谈会,发挥全国专家荟萃、人才聚集的优势,深化与相关智库、高等院校、科研机构之间的合作,促进长城文物文化资源科学保护、合理利用,推进长城精神系统性研究。

目前已经成立了一批长城主题学术组织,比如中国长城学会、八达岭长城文化艺术协会、河北省长城保护协会等,并在此基础上开展了一系列学术研讨。"古建美 中华魂"2020长城保护和利用学术研讨会,通过弘扬和挖掘中国的长城文化及精神内涵,为长城国家文化公园建设进言献策贡献力量。中华世纪坛举办长城文化主题报告会,中国长城学会副会长、著名长城专家董耀会教授做了题为《长城国家文化公园建设及长城区域经济发展》的学术演讲。2022年4月中国长城学会以"线下+线上"的方式举办第三届中国长城论坛,论坛以"长城文化与新时代精神"为主题,贯彻落实习近平总书记关于长城文化价值发掘、文化遗产传承保护工作的指示精神,深入探讨长城文化在新时代精神构建、加强社会主义文化强国建设、坚定文化自信的价值和意义。

2. 开展重大课题研究

就长城文物保护利用、可持续发展和运营模式等内容开展重大课题委托研究，形成专业化、系统化的研究成果，不断推进长城国家文化公园建设，为促进我国长城事业的顶层规划、统筹协调提供了坚实的学术支撑。

目前，已经开展了北京市社科基金规划重大项目、国家社科基金重大项目等多项课题研究，陆续形成专著、论文等成果。比如北京建筑大学承担《长城国家文化公园北京段建设保护实施路径研究》（2021），陕西师范大学承担《中国古代长城的历史地理学研究》（2020），西北大学承担《全国明长城资源调查资料整理与研究》（2019），李颖与邹统钎等老师共同撰写的《长城国家文化公园：保护、管理与利用》在系统梳理长城文化遗产、借鉴国内外巨型文化遗产保护和利用的经验与机制基础上，有针对性地提出建设性的意见和建议。

3. 组织主题文艺创作

一方面，以长城三大精神、四大价值为核心，以长城及其沿线的建筑文化、军事文化、民族融合文化、非物质文化遗产等为主题，以诗歌、散文、小说、电影电视、书法、摄影等为表现形式，推出集中展现长城历史与文化、价值与精神，形式新颖的长城文化艺术精品。另一方面，丰富长城文化和旅游演艺产品。推出一批以长城文化为主题的实景演出、驻场演出、定制类演出和旅游巡演项目，推出一批展现长城历史文化和风土人情的主题性、特色类的演艺产品。

河北省在文艺创作方面走在前列，创作了以"爱中华 颂长城"系列长城之歌、"行走长城"美术作品等为代表的一批文艺作品；推出了以《塞上风云记》《大河之北——长城》《一块砖都不能少》《筑城记》等为代表的一批影视作品；出版了以"中华血脉——长城文学艺术系列丛书"等为代表的10余部精品图书。天津市以下营镇黄崖关村英雄老党员卢玉兰为原型，于黄崖关长城拍摄电影《没有送出的鸡毛信》。山水盛典公司在秦皇岛山海关"天下第一关"景区推出大型室内史诗演出《长城》，采用创新的环绕式多重影像系统，讲述生活在这片土地上的人们深沉、细腻的爱情故事和家国情怀。

近年来,甘肃以西域文化、丝路文化和商贸文化等主题布局了文旅矩阵,并推出全国首部边塞史诗歌舞剧《天下雄关》,打造极具分量的长城文化IP。北京市海淀区委宣传部联合中关村国际舞蹈中心推出舞剧《长城》,展现了中国的民族长城、科技长城和人民情感长城的坚不可摧。

(三)文旅融合模式

1. 推动景区提质升级

深入挖掘长城景区的文化及精神价值,完善观光旅游产品体系,提升解说系统,发挥长城景区的文化宣传及文化传播作用,构建体系完善、层次分明、特色突出的长城景区体系,提供类型多样的长城观光旅游产品。

山东临沂沂蒙山景区在建设过程中挖掘和开发沂山风景区中梓根腿东岭—穆陵关段长城的文化内涵,将长城文化与沂蒙山地域民俗文化、红色革命文化相结合,开发长城旅游产品。山东济南市大峰山齐长城景区推出齐长城文化博物馆、长城主题文化演艺等新兴旅游产品,推动大峰山景区向国家5A级旅游景区升级,打造齐长城景区的标杆和示范景区。明长城41个段落中,引导已开发为景区的长城段落,通过多种方式提升产品的文化内涵和展示方式。进一步推动八达岭、慕田峪、山海关、红山堡水洞沟、嘉峪关、雁门关等国家5A级旅游景区强化长城旅游产品体系的完善及推广,并通过多种营销方式打造"万里长城"的总体品牌;引导八达岭中国长城博物馆、山海关长城博物馆等现有长城博物馆更新展陈内容、升级展陈方式,采用声光电等高科技手段,AR、VR等新兴游客体验方式,增加互动体验和参与活动内容,全面系统展现长城精神和长城价值。引导推动北京古北口、榆阳镇北台、神木高家堡、娘子关等长城景区进一步完善产品开发与设施配套,为游客提供更好的长城观光与文化体验。

2. 打造优质文旅产品

推出一系列契合长城主题特色的复合型文化旅游产品,一方面推出"万里长城 万里江山"塞上风光生态文化旅游产品品牌,充分利用长城所处区域丰富的森林、草原、沙漠、戈壁、绿洲等生态景观资源，重点打造"长城+森林""长城+草原""长城+沙漠"与戈壁绿洲等塞上风光生态文化旅游产品；另一方面发展具有塞外文化特色的乡村旅游产品，深度挖掘长城沿线农耕文化、游牧文化、渔猎文化，推动乡村旅游与农林牧副渔业等的融合发展，在长城沿线建设一批田园综合体、农业公园、农村产业融合发展示范园等。

甘肃嘉峪关推动全域旅游发展，整合当地独特边塞故事、长城文化资源、戈壁滩秘境之旅等要素，挖掘特色文化内涵，推动单一景点建设向综合目的地统筹发展转变，封闭的旅游自循环向开放的"旅游+"融合发展转变。长城河北段沿线有87家森林公园、28家风景名胜区、32家自然保护区，河北省文化和旅游厅推出长城国家文化公园（河北段）精品线路，将国家5A级旅游景区金山岭、国家森林公园白草洼、世界文化遗产避暑山庄有机串联，打造长约500公里的"绿色长城·人与自然融合互动生态之旅"——锦绣长城生态游。

河北省迁安市利用得天独厚的旅游资源，修建了49.3公里的长城风景道（迁安段），联结8个景区景点、1个全国乡村旅游重点村、2个省级乡村旅游重点村、3个唐山市级乡村旅游示范点和6家星级农家乡村酒店，突出"长城村落古韵乡愁"主题，以全域旅游为契机，以文旅融合为路径，着力打造乡村旅游全产业链，涌现出了乡伊香等一批特色农产品龙头企业、农业科技示范基地和乡村旅游产业化项目。其他长城沿线重点发展村落，比如北京延庆区八达岭镇岔道村、山东济南市莱芜区茶业口镇卧云铺一线五村、吉林延边州延吉市依兰镇东兴村、内蒙古大青山乡等，改善长城与周边村落的交通衔接，引导长城沿线村落开展多元业态经营，完善餐饮、购物、娱乐等多种设施及服务供给，支持长城沿线乡村景观美化、绿化，加大乡村智慧化基础设施建设。

3. 开展节事文化活动

深度挖掘长城文化和长城精神，充分利用中国传统的文化节庆，举办各级各类长城沿线文化节庆活动。举办长城摄影大赛、国际长城设计周、国际长城马拉松等节事活动，形成一批有国际知名度和吸引力的长城节事活动品牌。

山东省济南市举办第五届"孟姜女民俗文化节暨寻访齐长城徒步活动"，

远道而来的游客与当地群众共同浸润在齐长城文化积淀中。河北省打造了2021"'一带一路'长城国际民间文化艺术节",深入推动长城文化传播和文明交流互鉴;培育了以"长城脚下话非遗"为代表的标志性品牌活动,为沿线15个省区市非遗保护成果展览展示搭建平台;举办了以"长城之约""全国新媒体自驾游长城"为代表的中国长城旅游市场推广联盟宣传推广系列活动。北京市举办2020长城文化节,开展长城文化学术研讨、长城文化主题展览、文旅推广公共参与、长城文化产品创意活动等4大板块的22项活动,助推北京国际交往中心功能建设,深入推动北京长城文化带建设走实走深。

(四)数字再现模式

1. 建设数字网络平台

科技赋能,打造长城文化和旅游推广云平台。利用新科技新手段,推动长城文化和旅游智慧服务平台建设,建立便捷、高效、共享、融合的长城品牌智慧营销体系。建设多语种的长城文化和旅游在线平台,展示长城人文历史和旅游资源,加大国内外品牌传播力度。

响应长城国家文化公园数字再现工程建设,文化和旅游部资源开发司推出长城国家文化公园官方网站,将其作为信息发布的权威平台、工作体系的交流平台、传播文化的重要平台、丰富文化和旅游生活的共享平台。官网设置新闻动态、政策解读、专家视角、重点工程、精品线路、长城史话、长城保护、沿线城市、文化遗产、精彩影像等栏目。其中的数字云平台通过图片、视频等内容,集中展示长城文物和文化资源,以专题等形式对诗词歌赋、典籍文献等进行整合展播。河北省文化和旅游厅在全国率先创新推出可阅读长城数字云平台,平台依托微信小程序,将长城国家文化公园变身为可观看、可阅读、可体验、可感悟的公共文化线上空间,如"云长城河北"微信小程序全方位服务长城国家文化公园建设,以传承长城文化为宗旨,以智慧智能、精准服务、便捷贴心、易用高效、持续运营为目标,更好地满足公众与游客个性化、多元化、高品质赏读和出行需求,真正实现"一部手机游长城"。平台采用三维重建、3D建模、广电5G、AR识景、智能导览、AI图像融合等高新数字技术,全面立体展示长城河北段蕴含的丰富文化文物生态资源。

2. 推广智慧展示工程

建设涵盖景区文化与旅游的各要素、覆盖景区服务全过程的智慧旅游体系，提升长城观光旅游产品的文化内涵和文化展现力。数字创意整合长城文化遗产资源，挖掘其深厚内涵，对中华优秀传统文化的研究和文化遗产的保护与传承发挥重要作用。

由河北省秦皇岛市中国长城研究院创建的中国长城数字博物馆，依托全景数字技术，全方位沉浸体验式展现长城及沿线古村落的全貌，以形式多样、内容丰富的数字媒体资源对长城进行传播。中国长城数字博物馆将穿越两千年历史的长城，以数字长城立体阅读的方式进行影像还原，用科技讲述长城的故事。位于河北唐山的白羊峪长城旅游区安装智慧景区导览系统，通过电子导览硬件设备与后台中央数据库形成网络控制系统，以音频、视频、图片、文字等为主要呈现方式，把景区信息展示给游客，解决客流引导、信息滞后、游玩向导等问题。从全局帮助智慧旅游景区导流，防止旅游景区线路拥堵等问题出现，提高游客游玩体验幸福感。对于八达岭、慕田峪、山海关、雁门关、嘉峪关等高等级长城景区的智慧旅游系统建设，利用人工智能等技术，开发无人驾驶、智能成像、服务机器人等浸入式长城文化和旅游体验项目，丰富游客的文化体验。

（五）教育培训模式

1. 打造精品教育课程

依托长城研学旅行基地及长城旅游景区、遗址公园、各类博物馆、文化展示园、文化陈列馆、非物质文化遗产展示中心，开发长城研学课程与系列讲座，针对不同年龄段青少年研发有丰富文化内涵、历史知识、地理知识的研学旅行课程和社会实践活动。

板厂峪长城研学项目于2020年9月开始研发，经全国著名长城专家、中国长城学会副会长、燕山大学中国长城文化研究与传播中心主任董耀会审核，在海港区教体局的指导下，在板厂峪景区的支持下，历经一年20余次线上、线下研讨,5次实地勘察,最后结集成册。此外,研发团队还邀请董耀会为十多所学校进行了"赓续长城精神,启迪儿童梦想"主题讲座。长城研学综合实践活动课程以《玩转关城》为课程载体在秦皇岛落地生根,娄卫润名师工作室将继续开发"长城体验中国力量""花场峪红色研学之旅""长城博物馆里的发现"等一系列长城研学实践课程。

2. 建设教育培训基地

以长城景区和长城博物馆为核心,以长城周边各类爱国主义教育基地、红色旅游景区为支撑,以长城沿线城镇为交通集散和旅游接待服务中心,建设一批长城研学旅行基地,推动青少年长城精神教育长效化实施。

位于司马台长城脚下的古北水镇景区获得全国首批研学旅行基地(营地)的荣誉称号,每年夏季都会举办长城骑士夏令营。央视科教频道打造的一档纪录片《跟着书本去旅行》,也将古北水镇作为研学地点,透过屏幕将长城文化与优秀非遗文化展现给观众。古北水镇通过打造精品研学课程体系、发展优化研学师资团队、强化系列服务等,不断完善景区的软硬件设施、设备,让研学成员在旅行中浸染传统文化之美,领会长城精神。此外,甘肃省嘉峪关长城博物馆、河北省唐山市喜峰口长城抗战遗址被评为"全国爱国主义教育示范基地"。

二、大运河国家文化公园遗产可持续利用的创新模式

大运河国家文化公园包括京杭大运河、隋唐大运河、浙东运河3个部分,涉及北京、天津、河北等8个省、直辖市。沿线文化遗产资源众多、类型丰富、历史文化底蕴深厚:分布有世界文化遗产17项,世界自然遗产2项,世界文化与自然遗产2项,全国重点文物保护单位1894处,省级文物保护单位7653处,国家级非物质文化遗产代表性项目1157项,省级非物质文化遗产4593项。此外,还有大量的农业遗产、工业遗产、文化景观遗产、水利遗产、老字号、地名遗产、宗教遗产以及数以百万计的可移动文物,数以千计的不同类型的博物馆等。

在目前的探索与实践中,大运河国家文化公园对保护传承模式、研究开发

模式、文旅融合模式、数字再现模式以及教育培训模式进行了以下创新。

（一）保护传承模式

1. 建设完善主题展馆

博物馆是保护和传承人类文明的重要殿堂，是增进公众对展陈对象情感认同的重要媒介，在促进文化遗产的可持续利用与发展上发挥着重要作用。目前，大运河沿线8个省市已建成多个大运河主题博物馆，如浙江杭州的中国京杭大运河博物馆、江苏扬州的中国大运河博物馆、江苏淮安的淮安运河博物馆、安徽淮北的中国隋唐大运河博物馆、山东聊城的中国运河文化博物馆、河南洛阳的隋唐大运河文化博物馆、天津的陈官屯运河文化博物馆……位于北京的大运河博物馆（首都博物馆东馆）已建成并对外开放。众多博物馆基于大运河这一主题，从不同视角运用传统与现代展示手段，以多样化的展示形式，全流域、全时段、全方位地展现了中国大运河的历史、文化、生态和科技面貌，助力大运河文化遗产的保护传承。

2020年11月14日，大运河沿线的32家博物馆在江苏南京成立"大运河博物馆联盟"，并签署《大运河博物馆联盟协同发展协议》，联盟的成立对打破系列大运河主题博物馆之间的地缘阻隔，促进信息互通、资源互换起到重要作用，将有效促进大运河文物遗产的合理利用，让文化遗产"活起来"。

2. 推进遗产地原真保护

在保护、开发、利用大运河文化遗产的过程中，贯彻原真性原则，有利于提高对大运河文化遗产价值的认识，助力可持续发展。江苏省在推进大运河遗产原真性保护上走在了全国前列，2018年江苏省扬州市在大运河沿线城市率先编制完成《扬州运河文化遗产保护利用总体规划》，江苏省于2021年在全国率先出台聚焦大运河文化遗产保护的规划——《江苏省大运河文化遗产保护传承规划》，重点关注了遗产地的原真保护，创新提出以运河水系为脉络的遗产保护传承空间布局。近年来，大运河沿线省份、地市密集出台多部文件，诸如《浙江省大运河文化保护传承利用实施规划》《大运河安徽段文化遗产保护传承专项规划》《山东省大运河文化保护传承利用实施规划》《河北省大运河文化遗产保护利用条例》《天津市大运河文化保护传承利用行动方案》《杭州市大运河世界文化遗产保护规划（2017—2030）》《杭州市大运河世界文化遗产影响评价实施办法》《大运河扬州段文化遗产保护条例》《大运河扬州段世界文化遗产保护办法》《无锡市大运河文化保护传承利用实施规划》《德州市大运河文化保护传承利用实施方案》《沧州市大运河文化保护传承利用实施规划》《郑州市大运河文化保护传承利用暨大运河国家文化公园建设实施方案》等，均或多或少地提及大运河遗产原真保护。一系列强有力的规划、方案、法规政策接连实施，成效颇丰。

（二）研究开发模式

1. 搭建学术交流平台

组建学会、协会等学术性团体，通过举办峰会、研讨会等措施对搭建围绕大运河主题的科研、学术交流平台具有重要意义。近年来，服务于建设大运河国家文化公园的需要，各地纷纷响应，成立了一批大运河主题学术组织，如沧州大运河文化研究会（2017）、中国大运河智库联盟（北京，2018）、宿迁大运河文化带建设研究会（2019）、大运河国家文化公园研究中心（北京，2019）、中国商业史学会中国大运河专业委员会（上海，2020）、中国艺术研究院大运河文化研究中心（北京，2021）……中国大运河国际高峰论坛（浙江杭州，2016）、大运河文化发展论坛（江苏扬州，2021）、第九届中国大运河智库论坛（浙江杭州，2021）等高级别会议相继举办，搭建了大运河主题学术交流平台，促进了相关的研究探讨。此外，江苏省更是在"十四五"文化发展规划中明确提及打造大运河学术交流平台，指出"要推动成立中国大运河学会，办好大运河文化发展论坛，推动世界运河城市论坛升格，促进运河文化国际传播交流合作"。

2. 开展重大课题研究

大运河主题相关学会的组建，搭建了多样化的学术交流平台。基于此，申报、主持大运河主题的课题项目有利于形成系统化、专业化的研究成果，此外，课题的基金资助也是研究开展的重要保障，为相关研究的开展保驾护航。近年来，以运河城市文化为主要研究对象和范围，上海交通大学城市科学研究院团队先后承担了国家社科基金重大项目《大运河文化建设研究》(2019)、国家发展和改革委员会重大项目《大运河文化保护传承利用规划纲要全年实施情况评估和分地区实施绩效评估》(2019)、大运河文化带建设研究院重点项目《大运河沿岸江南文化战略研究》(2018)、无锡市南长区人民政府委托项目《运河文明重大艺术创作素材研究》(2009)、上海市决策咨询研究课题《世博会与京杭大运河自驾游房车游线框架研究》(2008)等研究课题。在深化大运河遗产价值认知、普及和传播大运河遗产知识、开发保护利用大运河遗产等方面作出了突出贡献。

3. 组织主题文艺创作

文艺作品是文化遗产活化利用的重要载体。大运河哺育了千万儿女,滋养了沿线城市的文脉。根植繁茂的文化土壤进行文艺创作,是深挖大运河文化遗产、打造大运河文化品牌、丰富大运河文化内涵的必然之举。近年来,江苏省演艺集团先后创排了歌剧《运之河》、歌舞剧《水韵书香》、国风音乐会《听·见运河》、交响组歌《大运河畅想》等一系列大运河题材舞台艺术作品,受到了社会各界的广泛关注和一致好评。北京市也相继创作、推出了京剧交响套曲《京城大运河》、民族交响诗《大运河》、动画片《大运河奇缘》、长篇小说《漕运三部曲》等一系列大运河题材文艺作品。通过此类文艺作品的创作,展示了大运河文化的历史文脉、风土人情和掌故传说,让公众感受运河深厚的文化魅力和崭新面貌,对繁荣社会主义文化、建设社会主义文化强国起到了积极的助推作用。

(三)文旅融合模式

1. 推动景区提质升级

参观游览是大运河国家文化公园的核心功能,旅游景区是承载、展示大运河遗产的重要场所。完善配套设施、丰富文化内涵、提升互动体验、优化整体形象等举措是助推景区提质升级的重中之重,是文旅融合时代下大运河国家文化公园遗产可持续利用必然之举。自提出要建设大运河国家文化公园以来,各省市密集出台本辖区范围的《大运河国家文化公园规划》,均重点提及景区的打造建设和提质升级。此外，自2020年9月文化和旅游部、国家发展改革委等部门联合印发《大运河文化和旅游融合发展规划》以来，《江苏省大运河文化旅游融合发展规划》《大运河安徽段文化旅游融合发展专项规划》《河南省大运河文化和旅游融合发展规划》《河北省大运河文化和旅游融合发展规划》《大运河（德州段）文化和旅游融合发展规划》接踵而至，无一例外都将大运河沿线旅游景区的提质升级摆在了头号位置。各地立足新阶段文化建设和旅游发展要求，充分挖掘当地文化遗产资源，纷纷打造富有运河文化底蕴地级旅游景区和度假区，对建设具有世界影响力的大运河国家文化公园具有积极的促进作用。

2. 打造优质文旅产品

立足大运河丰富的文化遗产，打造优质文旅产品，是增加优质文旅产品供给，繁荣文旅市场的关键所在，也是实现遗产可持续利用的现实之举。近年来，各地依托上位规划，结合本地区实际，打造出一批体验丰富、内容新奇、受众广泛的文旅产品，得到了市场的积极响应。2021年9月，江苏省文化和旅游厅公布了"江苏'运河百景'标志性运河文旅产品"名单，涵盖旅游景区、街区、文博场馆、旅游村镇和线路等多种类型，扬州中国大运河博物馆、南京"十里秦淮"水上游览线、镇江西津渡历史文化街区等100个产品入选，并在第三届大运河文化和旅游博览会进行集中展示，得到了市场的热烈追捧。此外，江苏省还结合本地实际，打造了世界遗产研学游、漕运盐运文化观光游、水利水运工程科普游、古城古镇记忆游、考古遗址遗迹游、红色文化传承游、民族工商业体验游、非遗文化感知游、运河美食品味游、风光休闲度假游等多条精品旅游线路，旨在以此塑造大运河文化形象、彰显大运河神韵，引导人们在旅游中感知和认同大运河的历史文化，促进大运河文化遗产的可持续利用。

3. 开展节事文化活动

旅游节事文化活动具有强大的产业联动效应，对于提升大运河知名度、扩展潜在客源市场具有显著影响。江苏、浙江两地在开展大运河相关主题文化旅游节事活动上做出了积极的探索。由江苏省政府主办的大运河文化旅游博览会自2019年以来已成功举办三届,通过主题演出、展览展示、主题论坛等精彩纷呈的活动,为大运河沿线城市打造出了一个集文旅融合发展、文旅精品推广、美好生活共享的平台,成为大运河文化带建设的标志性项目,已经成为国内具有重要影响的文旅融合品牌。2021年10月,浙江杭州举办了"最江南·杭州味"大运河文化旅游节,融合了旗袍、运河、江南等东方文化经典元素,开展运河旗袍嘉年华、"百人百匠"非遗市集、"百县千碗"运河美食汇、中国(杭州)新年祈福走运大会、运河鱼羊美食节等十余项主题活动,同样获得了社会各界广泛的关注和好评。除此之外,近年来,大运河沿线城市也相继举办了北京(国际)运河文化节、天津运河桃花文化商贸旅游节、滑县运河文化节、微山湖运河文化节、中国大运河(聊城)美食节等一系列节事文化活动,让人们充分感受到了大运河沿线城市的风土人情和独特魅力,为大运河遗产的可持续开发利用和沿线城市文旅产业提质升级做出积极探索。

(四)数字再现模式

1. 建设数字网络平台

科技赋能文化遗产,建设数字网络平台,打破了文化遗产的地域限制,提升了文化传播的效果,丰富了大运河国家文化公园遗产可持续利用的形式,是活化文化遗产的新兴路径。随着新兴技术的不断涌现、发展成熟,各地不断创新"数字化+遗产"的实践方式,成果显著。如江苏省文化投资管理集团联合江苏省规划设计集团开发"大运河国家文化公园数字云平台",并邀请腾讯文旅担任技术支持方,开展云平台文化数据枢纽、运河知识图谱、区块链版权登记、企业服务平台、云赏运河、运河3D可视化、文化创作工具箱等项目建设,打造首个数字化国家文化公园。据悉,"云平台"一期包括走进大运河、资源展示、发展指标等三大板块,利用倾斜摄影、三维建模、虚拟现实、GIS、大数据、5G等数字化技术,主要展示大运河历史沿革、文化资源分类与空间布局、文物与文化资源点古今风貌、沿线重点地段720°全景、景区虚拟漫游等,突破传统线下展示和体验的时空局限,打造了一条线上数字运河,以全新方式全方位立体化展示大运河历史文化。浙江省杭州市则以杭州建设"数字治理第一城"为契机,打破数字壁垒,联合多部门充分利用数字技术手段,围绕资源管理、监测预警、生态保护、涉建项目管理、规划执行、公众服务等业务全方位提升大运河遗产数字化保护水平。

2. 推广智慧展示工程

数字技术的介入加速了文旅产业提质增效的进程,提升了大运河国家文化公园遗产可持续利用的效率和效益。各地在推广大运河国家文化公园的智慧展示工程上都做出了相应的探索,打造了一批精品工程。如《江苏省大运河文化旅游融合发展规划》中着重强调,要"注重新技术对文化体验的改变,支持运河沿线文化场馆、文娱场所、景区景点等运用文化资源,发展沉浸式体验、虚拟展厅、高清直播等新型文旅服务,提升旅游演艺、线下娱乐的数字化水平"。《关于推动山东省文化和旅游数字化发展的实施意见》也着重强调"推进国家文化公园数字化展示管理"。"数字技术+遗产"的保护利用模式具有广阔的发展空间,将不断为大运河国家文化公园遗产可持续利用提供新支持、新方式。

（五）教育培训模式

1. 打造精品教育课程

校园是提升文化遗产保护传承意识的前沿阵地,打造系列大运河主题精品教育课程、扩展校外第二课堂是基于教育培训模式实现大运河国家文化公园遗产可持续利用的惯常之举。自国家明确提出建设大运河国家文化公园以来,学校、培训机构、博物馆、旅行社等主体纷纷推出"大运河进课堂""大运河研学""大运河思政培训"等主题活动,形成了以学校为主导,以培训机构、博物馆、旅行社等市场主体为支撑的教育培训体系。如南京博物院自2020年11月启动"大运河文化进校园"项目,旨在通过联动大运河沿线博物馆和相关学校,进一步发掘和整合大运河沿线丰富的历史文化资源,通过开展富有特色的大运河馆校课程和学生体验活动,增强在校学生对中华传统文化的自信心与自豪感,共同保护运河遗产、展示运河文明、弘扬运河价值。2020年12月,京杭大运河杭州景区联合木塔教育科技（杭州）有限公司,面向中小学生推出《溯水之源·流动的脉搏》《治水之智·跨越与连接》《兴水之利·漕运与春秋》《润水之泽·市井与韵味》四大主题课程，为中小学生全面了解大运河的历史、体验大运河文化搭建平台。2021年7月上海交通大学面向各省、自治区、直辖市等各级领导干部开办大运河文化遗产保护与传承利用专题培训班，旨在贯彻落实习近平总书记关于大运河保护传承利用的重要指示精神，进一步拓展思路、凝聚智慧，探讨加强大运河文化遗产保护与传承利用策略。2021年11月，扬州大学中国大运河研究院联合扬州团市委和邗江区教育局，举办了"大中小学运河思政一体化建设暨大运河文化进校园研训班"，培训班面向中小学老师和志愿者开展，标志着江苏大运河文化带建设在落实立德树人根本任务上有了新的使命和融合点。

2. 建设教育培训基地

各地区所编制的大运河国家文化公园相关规划中，均对建设教育培训基地有所提及，如《江苏省大运河文化遗产保护传承规划》中提出"制定非物质文化遗产传承基地建设计划""在相关高校、研究机构、企业等设立传统工艺的研究基地、生产性保护示范基地和传承基地""鼓励各级非物质文化遗产代表性传承人在社区、学校建立教学基地、实训基地"等要求。教育培训基地的建设，有利于大运河遗产的保护传承和开发利用，为实践教育活动的开展提供平台，为社会各界体验了解大运河文化遗产搭建桥梁。淮阴工学联合中国大运河智库联盟，建立中国大运河智库联盟苏北研究基地；聊城大学运河学研究院建立"山东省运河文化研究基地"；山东济宁打造一站式全学段教育基地——大运河文创教育产业园……教育培训基地的建设，不仅展示了大运河作为文物保护单位和世界文化遗产的价值内涵，还发挥了科普、教育、培训、传播运河文化遗产价值意义的重要作用，需要大力推广。

三、长征国家文化公园遗产可持续利用的创新模式

长征国家文化公园主体建设范围原则上包括1934年10月至1936年10月，红一方面军（中央红军）、红二方面军（红二、红六军团）、红四方面军和红

二十五军长征途经的地区，涉及福建、江西、河南等15个省（区、市），共计72个市（州）381个县（市、区），沿线分布有2491处国家级重点文物保护单位，12868处省级重点文物保护单位，1670项国家级非物质文化遗产以及8342项省级非物质文化遗产。此外，长征沿线还存留有数量庞大、类型丰富的长征文物和文化资源，它们见证了长征历史、展现着长征文化、承载着长征精神，是弘扬革命传统和革命文化、加强社会主义精神文明建设、激发爱国热情、振奋民族精神的鲜活载体。

《长征国家文化公园建设保护规划》要求整合长征沿线15个省（区、市）的文物和文化资源，根据红军长征历程和行军线路构建总体空间框架，加强管控保护、主题展示、文旅融合、传统利用四类主体功能区建设，实施保护传承、研究发掘、环境配套、文旅融合、数字再现、教育培训工程，推进标志性项目建设，着力将长征国家文化公园建设成呈现长征文化、弘扬长征精神、赓续红色血脉的精神家园。

在目前的探索与实践中，长征国家文化公园对保护传承模式、研究开发模式、文旅融合模式、数字再现模式以及教育培训模式进行了创新。

（一）保护传承模式

1. 建设完善主题展馆

《长征国家文化公园建设保护规划》要求建设完善线性展馆群，建设一批高水平的纪念馆、博物馆、陈列馆，开展系列展陈提升工程，为群众提供了解长征历史、感受长征精神、接受爱国主义教育的重要基地。近年来，为响应长征国家文化公园建设的号召，各地陆续建立起一批高质量的长征文化展览馆，如江西于都依托"长征出发"重要历史节点，建设中央红军长征出发纪念馆；福建省长汀新建红九军团陈列馆；广东仁化新建红军长征粤北纪念馆；重庆新建重庆红军长征纪念馆、王良同志纪念馆；四川兴文新建红军长征纪念馆等。

2. 推进遗产地原真保护

文化遗产是表现形式与文化意义的内在统一。遗产地的原真性保护一方面有利于历史、美学等有形价值的保存，另一方面有利于实物遗存背后与之相关的意义的存续。贵州省依托当地特色的民族文化和丰富的红色资源，打造桐梓县娄山关村、习水淋滩村、赤水丙安村3个红军村。广东仁化成功打造了省级首批"红色村"党建示范点董塘镇安岗"红色村"。

（二）研究开发模式

1. 搭建学术交流平台

推动建立长征文化学术交流平台，对于推进长征精神系统性研究，深入阐发长征精神与遵义会议精神，以及井冈山精神、延安精神等重要革命精神在沿线区域的传承与发展具有重要意义。

江西省依托当地长征文化资源，设立长征文化高峰论坛和理论学术研究会，把长征文化研究列入省社科规划重点课题。四川省举办长征文化论坛，组织老红军、老党员和党史研究领域专家学者对长征历史文化进行深入研究，进一步还原历史细节、挖掘历史故事，积极发布红色旅游创新发展研究课题，支持出版长征文化研究书籍和论文集。

2. 开展红色文化研究

加强对长征文物和文化资源所承载的重大事件、重要人物、重头故事的挖掘，加强口述史的抢救性收集，组织编纂具有高思想艺术水准的精品出版物，有利于红色思想文化的传承与发展。

重庆市通过对当地红色历史进行深入梳理，编撰完成《图说綦江党史》《王良史料选编》《綦江红色故事》等党史资料书籍。在党史研究方面，云南省组织编撰完成《扎西会议开启中国革命新征程》《中央红军巧渡金沙江》等党员干部读本，着力抓好《中国共产党100年云南历史大事记》《中共云南一大纪实》《中国共产党100年云南发展历程、成就和经验研究》等专著的编撰，为开展党史教育提供生动鲜活的教材。

3. 组织主题文艺创作

组织长征主题文艺创作，通过人民群众喜闻乐见的方式进行长征精神文化宣传，对于新时代长征精神的宣传与发展具有重要意义。江西吉安结合"三女跳崖"的真实故事，创编打造了一台大型实景红色演艺剧目，并拍摄一部体现安福"红、绿、古"特色的高水平历史文献纪录片和一部风光宣传片。广东仁化结合"红军碗"的历史典故，创作粤北采茶戏《红军碗》，并通过收集整理革命史志资料、采访录音资料，撰写了《一盏煤油灯——阮啸仙的故事》等经典红色故事。重庆市依托中央主力红军长征到綦江的红色资源，打造了电影《王良军长》，推出民间吹打戏《血战黄洋界》、歌曲《忘不了你》、情景音诗画《红色綦江》。江西于都打造了《红军夜渡于都河》演艺项目。福建省歌剧院创作了民族歌剧《松毛岭之恋》。福建宁化打造《风展红旗如画》情景剧。四川省推出《长征组歌》《黄河大合唱》《英雄》等一批经典作品和优秀剧目。

贵州铜仁围绕全市长征文物和长征文化资源，开展系统深入的研究挖掘、整理认定等工作，创作了舞台剧《困牛山红军壮举》、情景剧《永恒的丰碑——木黄·木黄》、歌曲《红色黔东组歌》等系列文艺作品，编辑出版了《黔东革命根据地史》《旌旗飘扬——黔东红色记忆》《伟大的远征——红二、红六军团故事集》《历史回响——铜仁长征文化资源研究、开发和利用》等系列红色文化书籍，拍摄了《黔东史话》专题片。

（三）文旅融合模式

1. 推动景区提质升级

旅游景区是传承展示红色精神文化的重要载体，深入挖掘长征景区文化内涵，完善景区设施建设，提升景区互动体验功能，是推进长征国家文化公园建设的重要举措。重庆市以"保卫遵义会议，长征转战綦江"为主题，突出綦江作为中央红军长征在重庆的唯一过境地的地位，打造石壕—安稳红一方面军主题文化公园，彰显綦江为中央主力红军完成伟大历史转折提供重要的保障和战略支撑的历史地位。

江西吉安升级打造武功山箕峰—白竹坪（女红军李发姑跳崖处）—新水（武功湖）的总长约20公里的武功山三年游击战争游击步道示范段。湖北英山园区主要建设红二十五军长征集结地历史步道英山段，并规划建设长征文化展示区、战斗遗迹体验区、军民团结纪念区三个展区，配套建设革命传统教育基地和游客集散中心。江西于都中央红军长征出发地纪念园整体提升项目完善游客中心设施设备和旅游业态，打造红色书吧、于都特产和文创产品展示销售区以提升文化氛围，对园区内及周边环境进行整治；建设集草鞋故事、制作体验、文创产品展示一体的场馆；建设体验当年送别红军长征渡河情景的场馆。河南信阳建设"北上先锋"红二十五军长征出发地历史步道。广东仁化建设"红军长征过粤北重点展示园"。

2. 打造优质旅游产品

长征沿线省市立足丰富的长征文化资源，结合当地特色地方文化，打造各具特色的红色文化产品。广东仁化利用当地丰富的红色遗产资源，设计出多款优质旅游产品，其中仁化红军长征历史文化游径被评为广东省历史文化游径（第一批），"寻根粤北红色之源，探秘仁化竹海茶乡"线路被评为广东省森林旅游特色线路，城口—上董塘红色教育研学线路点被列入韶关市红色教育研学线路。重庆市融合长征文化和本土资源，打好"红色牌"，初步形成石壕长征线路、安稳羊角红军线路、永城红色线路等红色文旅路线。

3. 开展节事文化活动

各地推出"重走长征路"系列文化活动，策划各类主题赛事和文艺活动，打造优质长征文化品牌，有利于持续激发人们参与长征精神传承的积极性与主动性。广东乐昌通过"讲好乐昌红色故事暨优秀解说员"评选、"扣好人生第一粒扣子"主题教育实践等系列文艺活动，在该市形成良好的红色文化氛围，引导少年儿童从小听党话、感恩党、跟党走，在鲜活故事中感悟党的初心使命，不断增进爱党之情。江西省举办长征文化主题的全国歌咏大赛，开展长征文化的摄影、书画、艺术品征集和全国巡展。四川省组织举办"红色旅游年"活动，包含红色故事讲解员大赛，"优秀红色讲解员讲百年党史"巡回宣讲活动，"四川省百幅优秀书画作品展""巴蜀大合唱·颂歌献给党"首届巴蜀合唱节等系列活动。云南省创新红色旅游景区与大中小学校合作机制，将在祥云县举办"革命英烈、一门三杰"进校园系列活动、"争做新时代好队员　红色基因代代传"红领巾小小讲解员培育活动等。

（四）数字再现模式

1. 建设数字网络平台

借助大数据、云计算、物联网等新一代数字信息技术，打造长征遗产保护的数字网络平台，改变了传统遗产保护方式，赋予遗产保护以更高的安全性、交流性、环保性和大众性，推动社会公众更广泛地享有长征文化遗产。

湖南省充分利用和挖掘现有设施和数字资源，创建省级长征国家文化公园官方网站和数字云平台，将其从"地面"上升到"云端"，实现对长征文物资源的数字化保护与开发。贵州铜仁建设完成"红军在黔东·齐心绘红云"红色文化地理信息大数据场景应用暨铜仁市红色文化空间地理信息资源云平台，并完善长征国家文化公园铜仁片区主体展示区域基础通信设施建设。四川、贵州、云南三省文物局共同建立"川滇黔长征文物资源数据库"，为开展川滇黔长征文物资源调查打下坚实的基础。

2. 推广智慧展示工程

打造文化遗产智慧展示空间，以更自由的交互环境，容纳更多藏品的个性展示，不仅可以改变人们对文物展品的枯燥印象，还能减少文物展览和运输中的磨损与污染，减低场馆维护成本和费用。贵州遵义会议纪念馆通过5G+VR技术，把遵义会议会址、毛主席住居陈列馆、红军总政治部旧址等11个纪念场馆以及纪念馆内1500余件馆藏文物装进了"云展厅"。湖南省大力实施陈列展览"创新工程"，在布展上充分运用现代高科技手段，通过全息投影、声光电互动等技术，让长征文物"活"起来。江西省推进"互联网+红色文化"建设，建设"中央红军长征出发地"数字展馆。

贵州省着力打造"地球的红飘带"贵州长征数字科技艺术馆，立足于长征文化资源，运用全新的视听语言和叙事手法，开展基于史实的艺术创作，以数字化方式展示长征文物和文化资源，集红色、科技、艺术于一体，致力于打造国际一流水准的红色文化体验场馆和优质爱国主义教育载体。

长征数字科技艺术馆是全球首个长征主题的大型数字多媒体演艺场馆，在很多方面进行了大胆创新。整个场馆建筑面积超过4万平方米，几乎没有长征相关的实体文物,全部采用数字科技手段全景呈现长征全过程和新时代新长征的策展。在超大全域沉浸式光影空间中分别让观众有置身激烈的战争场景和残酷的雪山草地之中的体验。在大型机械剧场中融入冬奥艺术理念——高清大型地屏(分辨率两倍于北京冬奥会开幕式所用地屏)提升观众沉浸体验感。在新时代新长征展厅区域中创新性应用大型裸眼3D大屏,提升主题展示效果和内容灵活性。

伟大转折展厅作为重点呈现内容,特别考虑将全维度运动场馆、机械帷幕矩阵、全息影像、环境互动和历史场景数字化再现等多种技术手段互相配合,让观众跟随着重回毛泽东领导下的红军面对国民党军队的重重包围,如何具体地执行高度机动的运动战方针,亲身体验红军长征史上以少胜多,变被动为主动的光辉战例。在飞行影院和新时代新长征展厅中,让观众可以直观地领略当今贵州大地的秀美风光、人文风情和建设成就,体会到长征精神在新时代的延续和发扬。

(五)教育培训模式

1. 建设教育培训基地

各地依托当地红色文化传统,结合各级党校(行政学院)资源,打造红色思想文化阵地。诸如,河南卢氏打造豫西干部培训学院;福建宁化打造"风展红旗"长征学院;湖北英山建设革命传统教育基地;广东乐昌依托五山镇长征突破第三道封锁线遗址群打造红军长征乐昌教育基地;江西省高规格倾力打造(中国)雩都长征学院,建设全国长征文化、长征精神教育基地,全力支持建设兴国苏区干部好作风干部学院,完善长征文化教育链。

2. 打造精品教育课程

依托长征沿线各级党校(行政学院)等资源,建设形成长征主题教育培训体系,组织开发一批高水准教学资源,推动长征精神的深化传承。江西省延伸长征出发地教育,组织编写长征文化教育读本,纳入各级各类学校思想品德课程。福建宁化长征学院结合当地优质红色资源,形成了以长征精神为主线,融入苏区精神、谷文昌精神、客家精神和生态文明建设等内容的教育培训课程体系。

四、黄河国家文化公园遗产可持续利用的创新模式

2020年10月29日，中国共产党第十九届中央委员会第五次全体会议通过《中共中央关于制定国民经济和社会发展第十四个五年规划和二〇三五年远景目标的建议》，提出建设黄河国家文化公园。黄河是世界第五长河、中国第二长河，流经青海、四川、甘肃等9个省区。黄河干流河道全长5464千米，流域面积达79.5万平方千米（包括内流区4.2万平方千米）。据统计，黄河流域共有不可移动文物约16.8万处，其中包括世界文化遗产11处，世界文化与自然混合遗产1处，全球重要农业文化遗产3处，中国重要农业文化遗产19处，全国重点文物保护单位1612处，省级文物保护单位7948处，登记博物馆1325处。此外，黄河流域还坐落有16个国家历史文化名城，29个中国历史文化名镇，91个中国历史文化名村以及678个中国传统村落。

在目前的探索与实践中，黄河国家文化公园对保护传承模式、研究开发模式、文旅融合模式、数字再现模式以及教育培训模式进行了创新。

（一）保护传承模式

1. 文化遗产的系统性保护

对黄河国家文化公园文化遗产的系统性保护包括摸清黄河文化遗产家底、加强濒危遗产的抢救性保护、加强黄河文化遗产整体性连片保护、加强黄河文化遗产系统性保护的九省区联动等。

摸清黄河文化遗产家底，需要适当改建或扩建一批黄河文化展示场所。黄河流域一些地区对于历史文化积淀深厚、存续状态良好、具有重要价值和鲜明特色的文化遗产所依存的文化场所，划定了保护范围，制作了标识说明，从而进行系统性、整体性的保护。如山东省通过打造"曲阜优秀传统文化传承发展示范区"国家工程，强化尼山片区核心功能，主动融入山东省"山水圣人"中华文化枢轴、泰安—曲阜文化旅游示范区等，系统推进文化资源开发利用、促进文化与产业深度融合，推动了以儒家文化为核心的中华优秀传统文化整体性保护传承；河南省洛阳市将规划建设龙门石窟博物馆、数字展示中心和文物保护

中心，建设隋唐大运河博物馆、丝绸之路博物馆、汉魏洛阳城遗址博物馆等，整体提升文化遗产保护展示水平。

对濒危文化遗产的抢救性保护不仅包括基本的修复、修缮等工作，还包括打造黄河文化遗产保护廊道等展示性措施。如甘肃省推进麦积山、炳灵寺等重点石窟保护，打造了甘肃石窟艺术长廊。

黄河文化遗产整体性连片保护是为了防止推倒重来的建设性破坏。按照洛阳都市圈发展规划，洛阳将联动登封、巩义、汝州等地，开展登封"天地之中"历史建筑群、巩县（巩义市）石窟、宋陵、风穴寺等文化遗产保护传承工作，共同书写承古耀今的保护、发展、传承新篇章。

加强黄河文化遗产系统性保护的九省区联动，有助于加速构建黄河国家文化公园地区独特的文化遗产可持续利用模式。例如，2020年8月24日晚，"保护传承弘扬·相约幸福黄河"系列活动开办，活动共包括"颂黄河""绘黄河""品黄河"三部分。"颂黄河"为2020年黄河流域优秀传统文化节目展演，"绘黄河"为2020年黄河流域优秀美术书法作品展，"品黄河"为2020年黄河文化保护高峰论坛。本次联展联演联讲活动在展现黄河流域群众文化发展成果和全新魅力同时，联动黄河流域各省区在厚重的历史文化底蕴中深挖黄河文化蕴涵的时代价值，特别是展现人民群众在脱贫攻坚、全面建成小康社会进程中的昂扬精神，不断推动黄河流域文旅融合发展，繁荣黄河流域群众文化。

2. 推进遗产地原真保护

黄河流域遗产地多为古村落，古村落承载了农耕文化、士大夫文化、渡口文化、军事文化、商业文化等，保留有宗教祠堂、挽联碑记等物质文化遗产，又传承了民风民俗、艺术技能等非物质文化遗产。

应保护黄河古村落原始形态，设定开发红线，将古村落的建筑、风俗、民艺等遗产进行原址保护，建立黄河古镇、古村等保护基地，纳入国家公园建设体系。而随着大数据技术和5G通信技术的逐渐成熟，黄河流域古村落发展完全可以做到优化政府、企业和村民之间的信息协调，让村民参与规划古村落的发展，以避免信息失调引起的破坏性开发，保障古村落在政策、文化、经济等方面的多方位发展。

（二）研究开发模式

1. 将文化遗产转化为文化产业

在具有生产性质的实践中，要以保持文化遗产的真实性、整体性和传承性为核心，借助生产、流通、销售等手段，将文化遗产资源转化为文化产品或产业。

陕西省建立了全省非物质文化遗产清单，设立陕西文化资源开发协同创新中心，吸引社会力量参与，促进了文化遗产的保护与利用。

山东省德州市以齐河黄河博物馆群项目为载体，强化儒家、古建筑、古生物化石、玉石等多元文化，以及黄河沿岸非物质文化遗产的研究、传承与弘扬，逐步形成了集文物保护研究、工艺品展销、文化旅游、文化演艺、文化博览、影视拍摄等于一体的文化产业链，将黄河文化的资源优势真正转化为黄河文化的产业优势。

2. 组织主题文艺创作

一是实施黄河动漫"双百"工程。着力活化黄河文化遗产，以《黄河传奇》百集电视动画片、《黄河故事》百部动漫绘本为抓手，通过黄河吉祥物"河宝"唤醒和激活黄河文化遗产资源，推进黄河文化遗产申报世界文化遗产工作。其中，《黄河故事》百部动漫绘本由《黄河岸边的中国神话》《黄河岸边的中国精神》《黄河岸边的中国非遗》《黄河小英雄之考古探秘》《黄河小英雄之九省寻宝》《黄河小英雄之九省揽胜》六个书系组成，陆续在中央媒体连载，并以多语种在国内外出版发行。

二是实施《海晏河清》精品文艺工程。着力深入传承黄河文化基因，重点做好《黄河清风贯古今》《黄河文化中的廉洁故事》《焦裕禄》等黄河廉洁文化精品的创作与传播，为黄河文化传承创新工程提供坚实内容支撑，系统阐发黄河文化蕴含的精神和时代内涵，建立沟通历史与现实、拉近传统与现代的黄河文化创新传播体系，使广大干部群众不断从浩瀚的黄河文化中汲取前行力量。

三是实施黄河文化"走出去"工程。着力讲好新时代黄河故事,结合"中国黄河"国家形象宣传推广行动,制作"河宝和您在一起"系列动漫微视频,有效增强黄河文化亲和力、感染力和辐射力。在国家文化年、中国旅游年、黄帝故里拜祖大典、黄河文化月等活动中融入黄河标志和吉祥物元素,打造黄河文化对外传播符号。

(三)文旅融合模式

1. 打造优质文旅产品

优质文旅产品可以作为一张"名牌"将文化遗产推广到中国乃至世界各地。近年来,黄河流域九省区积极打造优质文旅产品,并取得了一系列成果。

例如,依托沿黄公路,陕西省积极推动文旅产业发展,充分利用黄河流域腰鼓、剪纸、农民画、曲艺、民歌等特色文化资源,打造了冯家营"千人腰鼓"表演村、高桥魏塔"东方毕加索"绘画村、西营"陕北信天游"大舞台等黄河流域的文化产业村。

又如,山东曲阜跳出"老三孔"文保单位空间及保护法规所限,以建设"新三孔"——尼山圣境、孔子博物馆、孔子研究院等精品项目为抓手,实现文化场景和体验空间再造,将文化存量变增量;以重点培育研学旅游为路径,着力推出"背《论语》免费游'三孔'"、中华成人礼、开笔礼等系列"文化活化"项目,塑造了传播优秀传统文化的创新载体,成功开辟出"让文物活起来"的文化传承之路;举办孔子研学旅游节,成立曲阜研学旅游联盟,出台标准规范,培育研学旅行基地,成功荣膺中国研学旅游目的地,实现了文旅融合的业态创新;依托儒家文化、国家级森林公园、特色民俗村等建成中国大陆第三家国际慢城、第一个文化国际慢城。

再如,山东济南推动非遗与美丽乡村建设相结合,挖掘当地非遗资源,扶持非遗项目发展研学、体验。章丘龙山黑陶、白云湖蒲草编织、现林石磨传统手工制作技艺等一批非遗项目纷纷建设体验馆,与周边旅游资源结合,开展红色旅游、党建游、采摘游、自驾游、研学游、体验游等,每年接待游客少的达到5000多人次,多的达到5万多人次,形成了龙山文化小镇、扁鹊文化小镇、五音戏文化村、老干烘茶园等一批非遗特色镇村。

另外,在高德地图手机App上,已上线黄河世界遗产之旅、黄河生态文化之旅等多条精品自驾线路。

2. 开展节事文化活动与节事民俗活动

节事文化活动与节事民俗活动对于文化遗产尤其是非物质文化遗产具有重要的弘扬作用。大多数节事民俗活动都是民间盛行、聚合人气、促进交流的群众性文化活动,适于扩展参与范围、全民共欢共度。推广这些节日也可促进该项节事及相关文化事项在当代的活态传承,符合非遗保护的初衷。与此同时,节事旅游又具有时空限定、资源排他等突出特点,易于转化为地方特色旅游资源,许多非遗节事活动已然在特定地区形成了周期性的旅游热点。与其凭空"造节",不如将本乡本土世代相沿的节日民俗充分挖掘、有序传承、合理拓展,营造本地人认同、外来者共享的节日文化。

例如,青海省的民族文化资源丰富,开展了"花儿会""六月会""纳顿节"等民族节庆活动,重点保护民族文化发展;山东省济南市将开展鼓子秧歌非遗展演、黄河古村非遗节等黄河文旅节事活动,以此促进济南非遗保护;中国宁夏(沙坡头)·丝绸之路大漠黄河国际文化旅游节自2000年开始举办,通过推出沿黄九省区特色民俗节目展演、非遗及文创商品展等活动,让黄河文化、丝路文化、地域文化、大漠文化及民族民间文化在宁夏中卫相互交织,彰显大漠魅力,弘扬黄河之根,领略丝路之魂;作为国家历史文化名城,山东省青州有2200多年建城史,非遗民俗资源十分丰富,当地党委、政府以"政府买单、群众受益"的方式,成立青州非遗艺术团,将具有表演性质的体育竞技、民间传说、戏剧曲艺等非遗项目,在青州古城进行常态化表演,极大提升了景区人气。

(四)数字再现模式

1. 建设数字网络平台

建设数字网络平台,可以完善黄河文化遗产资源管理,推动黄河文化遗产学术研究,弘扬黄河文化遗产等。

在此方面,陕西省可称为典范。首先陕西省文物局将其所拥有的可移动文物与不可移动文物做了细致地分类统计，建成了文物资源数据库。其次，陕西省还成立了陕西省非物质文化遗产网·陕西省非物质文化遗产数字博物馆。该网站涉及非遗印象、云赏非遗、薪火相传、全域非遗、非遗智库、非遗好物等项目板块，不仅可以了解、观赏非遗，还可以购买非遗产品，并且非遗智库板块详细标明了陕西省拥有的各级各类非遗资源，可谓将非遗文化传承与利用发挥到了极致。

2. 推广智慧展示工程

有别于传统博物馆对文化遗产的展示呈现方式，利用智慧化技术对文化遗产进行展示呈现既能使文物等得到有效保护，降低偷盗风险，又更为新奇，呈现效果更佳。

河南省二里头夏都遗址博物馆数字馆通过先进的数字技术，全面复原展示了以二里头遗址为核心的二里头文化整体面貌，并结合夏都文化特点，制作三维数字影片，展现二里头夏都作为"最早中国"的风貌，这种数字化呈现方式新奇有趣，激发了人们了解二里头文化的兴趣。馆内的数字化应用让观众能够通过感官对二里头文化进行沉浸式体验，加强了观众对遗址文化的切身感受，既让二里头文化拥有了新的生命力，也是对遗址进行保护利用的一种新尝试。

另外，青海省通过实施"青海文化记忆工程"，依托现代技术手段，开展非物质文化遗产数字化保护试点，完善了非遗抢救性保护机制；山东省济南市的非物质文化遗产博览园利用虚拟投影、4D技术等展示非遗项目。

数字化、智慧化模式的保护，使得文化遗产变得"生动""活跃"起来。

3. 开展线上展示活动

将文化遗产尤其是手工艺类型的非物质文化遗产在互联网上进行线上展示，是传承弘扬文化遗产的"利器"。

陕西省西安市碑林区文化馆举办"非遗助力冬奥·一起向未来"非遗线上展示活动，邀请非遗传承人以冬奥会为主题创作非遗展示作品，在汇聚、传播冬奥精神的同时，也让非遗更好地走进大众日常生活。活动启动后，得到了众多非遗传承人的积极响应，关中葫芦、碑林彩塑、碑林棉絮画、糖画、西安剪纸、关中礼馍等非遗项目传承人纷纷加入，发挥各自技能创作非遗作品，为冬奥会加油、祝福，讲述中国人的奥运情结。

（五）教育培训模式

1. 实施《河宝科普总动员》科普动漫创作传播工程

应着力国家创新高地建设，加大科普创作与传播力度，围绕黄河治理、应急管理、生态环保、交通运输、乡村振兴、卫生健康、气象等领域科普工作需求，持续组织创作一批集科学性、趣味性、艺术性为一体的科普精品力作，为黄河国家文化公园建设提供坚实科普支撑，打造与幸福河建设、社会主义现代化国家建设相适应的科普创新体系。

2. 开启博物馆教育功能

文化遗产博物馆开馆最重要的目的便是展示文化遗产并起到宣传弘扬的作用，而宣传弘扬需要博物馆相关人员开展遗产讲解、教育等活动。沿黄九省区45家博物馆联合成立了黄河流域博物馆联盟，推出黄河文明系列巡回展和线上直播活动，开启了博物馆展示、教育功能的新思路。

3. 建设教育培训基地

为解决当前文博单位普遍面临的人才断档、行业发展受到制约等困境和推进文物人才队伍建设，提高文物科研水平，在"陕西省黄河文化遗产研究中心"成立了人才培养基地，聘请了14位来自北京大学、复旦大学、中国科学院、南京大学等11家高校和科研单位的专家教授担任导师，实施"微课题导师制"，采用"引进来"的办法，拟由"陕西省黄河文化遗产研究中心"提供小额项目资金支持、借助高校和科研院所雄厚的师资力量，开展"一对一"指导的微课题研究，加快中青年文物科研人员成长。

该基地将坚持以开放的态度欢迎各合作单位加入，充分利用陕西省文物保护研究院先进的实验室和领先的文保技术设备，为高校和各级文博单位搭建高质量的人才发展平台，目前已有西北大学、陕西师范大学等高校学生在该院参与多项科研工作。鼓励基层文博单位工作人员带着待修复的文物到该基地进修工作,在老师的指导下保证能修复好文物的同时提高自身文物修复水平,实现"技术共享、人才培养、项目开展"于一体的合作共赢新模式,解决人才发展重点难点问题和促进文化遗产保护事业蓬勃发展。

五、长江国家文化公园遗产可持续利用的创新模式

长江国家文化公园的建设范围综合考虑长江干流区域和长江经济带区域,涉及上海、江苏、浙江等13个省区市。长江沿线省(区、市)的文化遗产资源众多、类型丰富、历史文化底蕴深厚,其中全国重点文物保护单位2106处,省(直辖市)级文物保护单位7320处,市县级文物保护单位45252处。长江沿线省(区、市)共有1663项国家级非物质文化遗产代表性项目,5061项省级非物质文化遗产,1474名国家级非物质文化遗产代表性传承人。此外,还有20多项世界遗产以及大量的农业遗产、工业遗产、文化景观类遗产、水利遗产、老字号、地名遗产、宗教遗产以及数以百万计的可移动文物,数以千计的不同类型的博物馆等。

在目前的探索与实践中,长江国家文化公园对保护传承模式、研究开发模式、文旅融合模式、数字再现模式以及教育培训模式进行了创新。

(一)保护传承模式

1. 建设完善主题展馆

完善的主题展馆是传承文化遗产、传播中华文化的重要窗口。在建设非物质文化遗产主题展馆时,非遗的展陈就是通过文字、图片、音乐、视频,甚至传承人或传承群体等载体,再借助声光电,包括VR等现代技术展示手段使受众置身于相应的文化情境中,从而得到身体与心理的多重体验。从受众体验的角度,主要包括眼、耳、鼻、舌、手(有时包括全身)的体验,分别对应着人体的视觉、听觉、嗅觉、触觉等。因体验方式的不同,可以采取相应的展陈策略和展示手段来增强游客的互动体验。通过互动的体验方式使受众置身于文化情境中,得到最大的享受。在江苏省苏州市非物质文化遗产馆里,全馆配置20个触摸屏用以介绍非遗项目情况或设置互动游戏;另配置10处视频介绍项目,为重点

项目量身打造沉浸式互动体验。在四川省非物质文化遗产保护中心（四川非遗馆）中为了丰富参观者的观感体验，增加观展的互动性，在展厅内特别添置了AR、VR等体验设备，用互动小游戏的方式展示孔明灯、绵竹木版年画、成都银花丝制作技艺等内容。

2. 推进遗产地原真保护

在对长江国家文化公园沿线文化遗产进行保护时应遵循原真性原则。"原地保护，修旧如旧"是《中国文物古迹保护准则》的首要原则，要求对文物古迹的保护应尽可能减少干预，保护现存实物原状和历史信息，坚持贯彻"不改变文物原状"的原则。

如，据2010年公布的安徽省第三次文物调查统计数据，皖南域内仅黄山市行政区划境内就拥有徽州古建筑（1820年前）13438栋。其中，唐模村位于黄山市徽州区东部，历史上因经济活跃、民风淳朴，被誉为"唐朝模范村"。古村落中的继善堂、尚义堂、许氏宗祠、许承尧故居等徽州古建筑的原地保护，涉及日常保养、防护加固、现状修整、重点修复四个方面。

（二）研究开发模式

1. 开展重大课题研究

2022年4月13日，国家文物局印发《"十四五"考古工作专项规划》的通知，其中在中华文明起源与早期发展综合研究方面，明确表示要认真完成长江流域文物资源调查。青海省深入推进长江国家文化公园（青海段）建设，经国家文物局批准，省文物局与青海省文物考古研究所、四川大学联合开展长江流域（青海段）文物资源调查工作。调查流域范围涉及海西蒙古族藏族自治州格尔木市，玉树藏族自治州治多县、杂多县、曲麻莱县、称多县、玉树市，果洛藏族自治州久治县、达日县、班玛县，共3州9县（市）。此次调查工作以第三次全国文物普查成果为基础，全面摸清青海省长江流域文物资源的分布、保存、利用情况。

另外，围绕长江国家文化公园以及长江文化遗产的相关论著，为建设长江国家文化提供理论支撑。例如，李后强出版的《长江学》对长江学的构建、长江学研究方法、长江流域奇山异水、长江流域特色资源、长江流域主要经济、长江流域的社会发展与治理、长江流域文化现象、长江保护发展重大举措等进行了详细阐述,为深入实施长江经济带建设、长三角一体化建设、成渝地区双城经济圈建设等国家战略,提供了学理支撑,为世界大江大河的保护与利用,提供了中国理念、中国方案和中国经验。[1]周庆富主编的《国家文化公园40讲》深入挖掘长城、大运河、长征、黄河、长江文化内核,立足"以文促旅·以旅彰文",从文旅产业发展战略、文化遗产与旅游品牌建设等维度关注国家文化公园文旅融合的发展现状及共赢模式,探索文旅产业互联融通、转型升级的创新发展路径,助力培育发展新动能,以文化创意提炼旅游"符号",形成全产业链、综合化及立体化衍生,从而构建国家文化公园文化旅游产业品牌体系。[2]高琰鑫发表的论文《长江国家文化公园建设策略——以湖北十堰为例》,进一步探讨了长江国家文化公园建设的重要意义,明确了长江国家文化公园建设的原则和具体策略,以期能够为相关研究提供借鉴。[3]

2. 组织主题文艺创作

以长江国家文化公园为主题的文艺创作,如文学、戏剧、电影、音乐、美术等手段,创作出无愧于时代的伟大作品,可以让长江文化走进公众视野和生活。

首先,以长江为基础拍摄了一系列纪录片,展现了长江流域多年的历史文明和发展变化。2017年6集纪录片《长江》,跨越6380公里的地理距离,穿越数千年的时间长度,解读长江领跑中国的伟大秘密。奥秘背后是对文明规律的新探讨,是对文明发展的新思路,是支持当今人类生存和发展的丰厚文明宝库。2021年纪录片《长江之歌》展现长江经济带生态环境保护5年来发生的转折性变化及取得的历史性成就,以生态优先、绿色发展为定位,向国内外观众展示长江流域完整、原真的生态环境及在习近平总书记一系列指示精神的引领下长江经济带所开创的辉煌建设成就。

---

① 李后强:《长江学》,四川人民出版社2020年版。
② 周庆富:《国家文化公园40讲》,中国旅游出版社2022年版。
③ 高琰鑫:《长江国家文化公园建设策略——以湖北十堰为例》,《文化产业》2022年第12期。

另外，长江题材的原创话剧展现了长江精神的重要内涵。《又到满山红叶时》根据长江重庆段三峡某航道站劳模站长和劳模台长的故事改编。主要讲述了在当前长江经济带发展战略背景下，为提升长江航运能力，在进行长江航道数字化改造过程中，新老两代长江航道人之间的矛盾、抗争与和解的故事，表现了几代长江航道人特别能吃苦、特别能战斗、特别能奉献的开拓精神。剧中选取了"航标灯""巫山红叶"这两个意象化的道具。该剧还通过人物对白、舞美置景等艺术手法，展示以巫山红叶为代表的新三峡新景观。

（三）文旅融合模式

1. 打造优质旅游产品

长江国家文化公园沿线积极推动"旅游＋文化"融合发展，打造富有特色的长江文化旅游景区、创意园区、文旅综合体，推进优质文旅品牌。

长江中游三省湘鄂赣山相依、水相连，文化旅游资源丰富。三省将共同塑造长江国际文旅品牌，将长江国际黄金旅游带打造成为世界级旅游体验线路。其中包括推出跨省精品旅游线路，打造武汉、长沙、南昌"周末游"产品。重点打造以武陵山、幕阜山为代表的生态旅游示范区，推进区域整体效益最大化和文化旅游产业繁荣发展；整合优质景区（景点）资源，推动发行三省旅游一卡通。建立三省旅游"客源互送"联席奖励机制，统一研究制定相互包机、包车、包船等大型旅游团队活动具体的政策补贴，促进三省游客互送、客源互动。

长江中游15市携手开展研学旅行，打造12条研学旅行精品路线，这12条精品路线通过历史、文化、自然、工业等主题，把长江中游城市群的优质研学旅游资源进行了串联，各市研学基地间既主题相互关联又差异互补，将为15个城市的少年儿童提供更加广阔的研学旅行课堂和更大的选择空间。其中包括非物质文化遗产研学之旅（二日游）：岳阳（汨罗屈子文化园）—黄石（西塞神舟会）；红色革命传统研学之旅（三日游）：湘潭（毛泽东故居、彭德怀纪念馆）—萍乡（安源路矿工人运动纪念馆）—南昌（八一起义纪念馆）；工业溯源研学之旅（三日游）：铜陵（古采矿遗址、铜文化博物馆）—黄石（古铜矿遗址、国家矿山公园）。

2. 开展节事文化活动

以长江为主题开展节事文化活动，可以整合各方力量，营造出有利于旅游发展的良好外部环境；带动消费，促进相关产业发展；弘扬长江文化，推进精神文明建设；节前、节后蝴蝶效应使节事文化活动影响久远。

"2021长江文化节"前身是已连续举办17年的"中国（张家港）长江文化艺术节"。十多年来，长江文化在交流互鉴中争奇斗艳，区域经济在深化合作中协同发展，一年一度的"中国（张家港）长江文化艺术节"已经成为享誉全国的文化盛典和重要的长江文化符号，吹响了文化建设前进的号角。长江文化节延续"长江文化的盛会、人民群众的节日"办节宗旨，紧扣"保护、传承、弘扬"主题，秉承"交流、交融、共建、共享"理念，立足长江沿线，突出长三角重点区域，围绕"非遗""文物""文旅融合""戏曲"及助力常态化疫情防控下文旅高质量发展，创新活动内容形式，融入国际元素，强化区域联动和共建共享，旨在搭建长江沿线城市文旅交流互鉴平台、文旅融合发展平台、文旅精品推广平台，唱响新时代的"长江之歌"。

（四）数字再现模式

1. 建设数字网络平台

应利用大数据和人工智能等新兴数字技术，建设数字网络平台，完善长江文化遗产资源管理，用长江文化故事推动全球河流文明的交流互鉴。

湖南省岳阳市以洞庭湖博物馆、"守护好一江碧水"首倡地展示馆以及岳阳市博物馆等为主体，融合AR、VR等科技手段，建设长江国家文化公园官方网站与数字云平台，对历史名人、诗词歌赋、典籍文献等关联信息进行实时展示，打造永不落幕的网上空间。重庆三峡移民纪念馆推进三峡移民红色基因库建设，现已完成重要历史文物和移民展厅的三维数据采集、部分移民文物照片拍摄、部分移民红色故事摄制等第一阶段任务。依托数字信息化平台，建设长江文化资源数字化平台，实现资源共享、数据互通，同时联合长江流域文博单位，整合全线文物资源数据，借助云计算技术，打造线上长江文化体验与呈现系统，丰富文旅服务体验。

2. 推广智慧展示工程

智慧展示技术将文化遗产数字化，在保护文化遗产的同时打破时间空间限制，使游客在参观时获得身临其境的体验效果。

湖南省岳阳市文化和旅游部门与多家网络平台合作，从旅游、文化、美食、民俗、产业五大维度挖掘岳阳地域特色，以"平台化+品质化"的形式推进"湘品出湘"。组织岳阳楼景区参加全国性的"10小时云游十大景区博物馆""网上易起游岳阳"等活动，直播观看人次超过一百万。

此外，湖南省岳阳市君山区建设了"守护好一江碧水"首倡地展陈馆，在建设过程中，积极探索"云旅游"实践，通过数字化、网络化、智能化手段，进一步丰富游客的参观体验，提升文化和旅游供给质量。在展陈馆广场上，游客可以用裸眼3D的方式欣赏岳阳的江豚欢跃、麋鹿奔腾、候鸟翔集，感受物体冲出屏幕，悬浮在空中的视觉特效。在二楼展陈中心序厅，还有以"壮丽山河、万里长江"为主题的沉浸式体验互动空间，采用数字化手段营造了波浪翻涌、长江滚滚的壮丽景色，观众可以挥手、触摸，与水中的鱼儿、嬉戏的江豚、空中的飞鸟进行互动。

智慧展示工程区别于过往的实地参观体验，结合现代科技，赋予文化遗产新活力，并极大丰富"云旅游"的服务体验。

（五）教育培训模式

1. 建设教育培训基地

建设教育培训基地是整合长江文化教育资源，构建长江文化教育体系的重要途径和有效载体。教育培训基地以正面熏陶、互动体验为主，强调知识性、趣味性、参与性、互动性，同时也提高了宣传教育的深刻性与感染力。

宜昌市长江大保护教育基地以"2018年4月习近平总书记考察长江、视察湖北"为引线，通过展板及多媒体电子屏等方式，直观、生动地展示介绍了宜昌人民遵照习近平总书记的指示批示精神，在长江大保护工作中坚持生态文明理念融合，坚持绿色转型发展，巩固长江生态屏障、维护水体安全等领域的具体措施与成果。作为长江大保护精神传播的载体，通过其展览、研学的功能更加深入地向民众宣传环保理念，共创美好家园。精美图文、沉浸式影院、全景沙盘、180度弧形荧幕，交互式触屏……新技术的引入让展陈更灵动。自正式开馆以来，长江大保护教育基地已迎接学校师生、企事业单位职工及社会群众数千人参观。长江大保护教育基地不仅是长江大保护工作的展示窗口，也是生态环保理念及长江大保护精神的传播载体，三峡环境将继续努力发挥基地展览、研学作用，力争更加深入地向民众宣传环保理念，启迪大众保护母亲河，共筑美丽猇亭、美丽家园。

第二节　五大国家文化公园遗产 可持续利用的模式总结

总体看来，五大国家文化公园均从文化传承、研究开发、文旅融合、数字在线、教育培训等方面进行了模式创新，五大国家文化公园的主要做法如表6-1所示。

表6-1　五大国家文化公园主要创新模式总结

国家文化公园	保护传承模式	研究开发模式	文旅融合模式	数字再现模式	教育培训模式
长城国家文化公园	新建和改造提升相关主题的博物馆，挖掘探索文化发展新模式	成立相关主题学术组织，进行专业化、系统化的课题研究	构建长城景区体系，打造复合型文化旅游产品，开展各级各类长城沿线文化节庆和节事活动	打造云平台、建设数字再现工程建设，建设全面的智慧旅游体系	开发长城研学课程与系列讲座、建设长城研学旅行基地
大运河国家文化公园	多视角多手段多形式展现大运河面貌，成立联盟打破地缘阻隔，推进大运河遗产原真性保护	成立大运河主题学术组织，推动成立中国大运河学会，申报、主持大运河主题的课题项目，基于大运河文化进行文艺创作	建设具有运河文化底蕴的景区和度假区，打造运河文旅产品和旅游路线，举办以大运河为主题的文化旅游节事活动	不断创新"数字化+遗产"的实践方式，打造精品工程	打造系列大运河主题精品教育课程、建设大运河教育培训基地

续表

国家文化公园	保护传承模式	研究开发模式	文旅融合模式	数字再现模式	教育培训模式
长征国家文化公园	建立高质量长征文化展览馆,依托民族文化和红色资源,打造红军村等红色文化设施	设立长征文化高峰论坛和理论学术研究会,加强对相关文物的挖掘和收集,围绕长征资源进行文艺创作	完善景区基础设施建设,打造红色文化旅游产品,策划以长征为主题的赛事和文艺活动	打造长征遗产保护的数字网络平台和文化遗产智慧展示空间	打造红色思想文化阵地、构建长征主题教育培训体系
黄河国家文化公园	连片性保护黄河文化遗产,将大数据运用于村落保护和规划	将文化资源转化为文化产品或产业,依托黄河标志和吉祥物组织主题文艺创作	打造优质文旅产品,开展相关节事文化活动与节事民俗活动	完善黄河文化遗产资源管理,利用智慧化技术对文化遗产进行展示,开展线上展示活动	组织创作一批科普精品力作、开启黄河流域博物馆教育功能、成立文化遗产保护人才培养基地
长江国家文化公园	灵活运用展陈策略和展示手段,坚持原真性保护原则	基于资源调查,统筹谋划文物保护与利用,丰富相关主题论著,多手段进行文艺创作	打造长江文化旅游景区、创意园区、文旅综合体和研学旅行精品路线,以长江为主题开展节事文化活动	规划建设长江国家文化公园官方网站与数字云平台,对历史名人、诗词歌赋、典籍文献等关联信息进行实时展示	构建长江文化教育体系、建设教育培训基地

一、保护传承模式

在遗产保护传承模式的创新探索上,五大国家文化公园主要从主题展馆建设、遗产地原真保护等方面进行模式创新。各国家文化公园在保护传承模式的创新上既有共性也各有特色。

(一)建设完善主题展馆

博物馆、陈列馆、展览馆等文化展示场所是保护和传承人类文明的重要殿堂,是增进公众对展陈对象情感认同的重要媒介,在促进文化遗产的可持续利用与发展上发挥着重要作用。因此完善线性展馆群,建设一批高水平的纪念馆、博物馆、陈列馆,开展系列展陈提升工程对于各国家文化公园主题的保护传承起着关键作用。在展示场馆建设上，五大国家文化公园均新建、改建、扩建或规划了以其文化展示为核心的主题展馆。这些主题展馆由博物馆、陈列馆、纪念馆等构成，在空间上形成线性主题展馆带。例如长城国家文化公园沿线15个省份均建设长城主题相关博物馆、展览馆等；大运河国家文化公园沿线8省市已建成多个大运河主题博物馆；长征国家文化公园沿线的重要历史节点都已建设有红色文化主题博物馆和纪念馆；黄河国家文化公园沿线已建成龙门石窟博物馆、隋唐大运河博物馆、丝绸之路博物馆、汉魏洛阳城遗址博物馆等，并在此基础上，规划改建或扩建一批黄河文化展示场所；长江国家文化公园沿线在已有博物馆、展览馆的基础上已编制多项规划，准备建设多个长江文化展示项目。

在展馆建设与文化展示过程中，不同国家文化公园从不同方面进行了积极的创新探索。长城国家文化公园在进行展示场馆建设的同时，同步推进展陈大纲编制及展陈设计工作，实现大纲编制与展陈设计的无缝衔接。大运河国家文化公园为打破各主题博物馆之间的地缘组合，联合32家大运河沿线博物馆成立了"大运河博物馆联盟"，共同签署了《大运河博物馆联盟协同发展协议》，对促进信息互通、资源互换起到重要作用。长征沿线的各重要历史节点，根据其所处地域发生的重要历史事件和历史人物，建设各具特色的长征主题展馆，黄河国家文化公园在建设博物馆、陈列馆的同时，通过打造黄河文化遗产保护廊道等方式，丰富黄河文化的展示形式。长江文化公园在展陈设计上，通过添置AR、VR等体验设备，用互动体验的方式使受众置身于文化情境中，从而增加观展的互动性，提升体验效果。

（二）推进遗产地原真保护

文化遗产是表现形式与文化意义的内在统一。遗产地的原真性保护一方面有利于历史、美学等有形价值的保存，另一方面有利于实物遗存背后与之相关的意义的存续。除建设展示场馆外，五大国家文化公园对文化遗产进行原真性保护，并探索出一系列文化遗产保护传承的创新模式。总体看来，五大国家文化公园对文化遗产的原真性保护主要采取遗址修缮、保存，将公园主题文化融入沿线乡村发展、制定法规条例等模式。黄河国家文化公园沿线区域对古村落、文化遗址等主要采用原址保护与修缮的方式，保护黄河古村落原始形态，设定开发红线，将古村落的建筑、风俗、民艺等遗产进行原址保护，建立黄河古镇、古村等保护基地。长江国家文化公园对沿线古村落里的古建筑进行原地保护，主要包括日常保养、防护加固、现状修整、重点修复四个方面。长城国家文化公园、长征国家文化公园分别将长城文化和长征文化融入乡村建设，打造一批长城人家、长城社区、长城村落和红军村、红色村。大运河国家文化公园则更体现在法规条例的制定上，大运河沿线省份、地市密集出台了多部一系列法规文件，重点关注了遗产地的原真保护，创新提出以运河水系为脉络的遗产保护传承空间布局。

二、研究开发模式

在遗产研究开发模式的创新探索上，五大国家文化公园主要通过组建学会、协会等学术性团体，举办峰会、研讨会等学术会议，对国家文化公园遗产传承利用中的重大问题展开科学研究，以文化遗产为主题创作文艺作品等方式进行模式创新。

（一）搭建学术交流平台

国家文化公园建设是一项系统性、战略性、全局性工程，需要多方要素协同作用。搭建国家文化公园学术交流平台，在国家文化公园建设中发挥着重要作用。五大国家文化公园均组建了若干学术交流平台，采用举办论坛、主题讲座、专家座谈会等方式，发挥全国专家荟萃、人才聚集的优势，深化与相关智库、高等院校、科研机构之间的合作，促进各国家文化公园的资源科学保护、合理利用，推进系统性研究。长城国家文化公园现已成立中国长城学会、八达岭长城文化艺术协会、河北省长城保护协会等，并在此基础上开展了一系列学术研讨；大运河国家文化公园成立了中国大运河智库联盟等一批大运河主题的学术组织，并组织了中国大运河国际高峰论坛等高级别会议；长征国家文化公园设立了长征文化理论学术研究会等学术组织，组织了长征文化高峰论坛等会议。

（二）开展重大课题研究

在搭建学术交流平台的基础上，五大国家文化公园相继开展多项主题文化研究，为不断推进国家文化公园建设，促进我国文化公园的顶层规划、统筹协调提供了坚实的学术支撑。研究的形式主要包括对文化遗产资源展开系统调查、开展相关领域重大问题研究、撰写研究论文与著作等。例如长城国家文化公园就长城文物保护利用、可持续发展和运营模式等内容开展重大课题委托研究，形成专业化、系统化的研究成果。目前，已经开展了北京市社科基金规划重大项目、国家社科基金重大项目等多项课题研究，陆续形成专著、论文等成果。大运河国家文化公园以运河城市文化为主要研究对象和范围，先后开展了《大运河文化建设研究》《大运河文化保护传承利用规划纲要全年实施情况评估和分地区实施绩效评估》等课题研究。长征国家文化公园通过对长征文物和文化资源所承载的重大事件、重要人物、重头故事进行收集和挖掘，组织编纂了一系列出版物，促进了红色思想文化的传承与发展。黄河国家文化公园则更注重文化的应用传承，在对黄河文化进行研究的基础上，将黄河文化融入文化产品开发中，逐步形成了集文物保护研究、工艺品展销、文化旅游、文化演艺、文化博览、影视拍摄等于一体的文化产业链。长江国家文化公园青海段展开系统的长江文化遗产资源调查，并出版以长江国家文化公园以及长江文化遗产为主题的相关论著，为建设长江国家文化提供理论支撑。

（三）组织主题文艺创作

文艺作品是文化遗产活化利用的重要载体，对于宣传与发展国家文化公园的精神内涵具有重要意义。五大国家文化公园通过对主题文化进行深入的研究与挖掘，将其融入不同类型的文艺创作中，形成许多形式新颖的文艺作品。长城国家文化公园以长城三大精神、四大价值为核心，以长城及其沿线的建筑文化、军事文化等为主题，以诗歌、电影电视等为表现形式，推出集中展现长城历史与文化、价值与精神，形式新颖的长城文化艺术精品。大运河国家文化公园根植繁茂的文化土壤，深挖大运河文化遗产，进行文艺创作，创作形式包括歌剧、歌舞剧、国风音乐会、动画片、长篇小说等，既打造了大运河文化品牌又丰富了大运河文化内涵。长征国家文化公园在组织长征主题文艺创作时，通过人民群众喜闻乐见的方式进行长征精神文化宣传。黄河国家文化公园通过实施黄河动漫"双百"工程、海晏河清精品文艺工程、黄河文化"走出去"工程活化，传承和传播黄河文化。长江国家文化公园以纪录片的形式展示长江流域完整原真的生态环境和辉煌建设成就，以原创话剧展现长江精神的重要内涵，让长江文化走进公众视野和生活。

三、文旅融合模式

在文旅融合模式创新探索方面，五大国家文化公园分别将长城文化、运河文化、长征文化、黄河文化、长江文化与旅游有机融合，通过打造高质量景区、优质文旅产品、开展特色文化节事活动等方式，来激发文化遗产的保护传承。

（一）推动景区提质升级

旅游景区是国家文化公园承载文化遗产的核心空间载体，五大国家文化公园对其沿线景区进行提质升级，将自身文化主题与景区建设更深层次地融合，将更好地向游客展示与宣传其主题文化。长城国家文化公园充分利用长城景区的文化及精神价值，注重长城文化与本地特色文化的有机融合，完善如八达岭、慕田峪、山海关等国家5A级景区的观光旅游产品体系，构建长城景区体系，提供各类观光旅游产品，为游客提供更好的观光旅游体验；大运河国家文化公园借助政策优势，打造具有运河文化底蕴的国家级旅游景区和度假区，助推大运河沿线景区提质升级；长征国家文化公园沿线各省市以各地红色文化精神为载体，完善景区基础设施建设，推进长征国家文化公园的建设和发展；长江国家文化公园沿线积极推动"旅游＋文化"融合发展，打造以武陵山、幕阜山为代表的富有特色的长江文化旅游景区、创意园区、文旅综合体，联手打造研学旅行精品路线。

（二）打造优质文旅产品

开发优质的文旅产品能够有效地将文化与旅游相融合，有利于打造特色鲜明的旅游形象，构建突出各国家文化公园文化内涵、创意体验的旅游形象品牌体系。五大国家文化公园在文旅融合实践中，均开发了一系列契合公园文化主题的优质旅游产品，并打造了具有鲜明文化特色的旅游品牌。长城国家文化公园推出"万里长城　万里江山"塞上风光生态文化旅游产品品牌，充分利用长城所处区域丰富的森林、草原、沙漠、戈壁、绿洲等生态景观资源，重点打造"长城+森林""长城+草原""长城+沙漠与戈壁绿洲"等塞上风光生态文化旅游产品；大运河国家文化公园因地制宜打造扬州中国大运河博物馆等多个标志性运河文旅产品，同时，设计世界遗产研学游、漕运盐运文化观光游等多条旅游路线，以此助力大运河文化遗产的可持续利用；广东、云南、江西、湖南等长征沿线省市立足长征文化资源，结合当地红色资源，打造出各具特色的红色文化旅游产品；黄河流域九省区充分利用当地特色文化资源、中华优秀传统文化和非遗文化等，积极打造优质文旅产品。

（三）开展节事文化活动

节事文化活动具有广泛参与性、群众性特点，能够促进文化的保护与活态传承，对文化遗产尤其是非物质文化遗产的保存和弘扬具有重要作用，是五大国家文化公园进行文旅融合的主要模式之一。长城国家文化公园将长城文化与中国传统节庆文化结合，开展各级各类如"孟姜女民俗文化节暨寻访齐长城徒步活动"的长城沿线文化节庆活动。此外，开展丰富节事活动，形成一批具有知名度和吸引力的长城节事活动品牌。江苏、浙江两地借助当地文化特色，相继举办如"最江南·杭州味"运河文化旅游节等诸多以大运河为主题的文化旅游节事活动，提升大运河知名度。长征沿线各地策划各类以长征为主题的赛事和文艺活动，打造优质长征文化品牌，如四川省组织举办的"红色旅游年"活动等。黄河国家文化公园沿线将本乡本土世代相沿的节日民俗充分挖掘、有序传承、合理拓展，借此开展相关节事文化活动与节事民俗活动。长江国家文化公园沿线以长江为主题开展节事文化活动，如"2021长江文化节"等，传承弘扬长江文化，营造良好利用氛围。

四、数字再现模式

在对文化遗产进行传统保护利用的基础上，五大国家文化公园探索数字再现创新模式，依托现代技术手段，如摄像、摄影、文字、图片等方式，通过建设数字网络平台、推广智慧展示工程、开展线上展示活动等方式，对濒危的文化遗产珍贵实物，代表性传承人的精湛技艺、工艺流程等进行数字化保护。

（一）建设数字网络平台

五大国家文化公园目前均已建设或规划了网络推广平台，用以将文化遗产数字化保存，打破地域限制，更方便社会公众广泛弘扬文化遗产。长城国家文化公园利用新科技新技术，打造长城文化和旅游推广云平台并响应了长城国家文化公园建设数字再现工程；大运河国家文化公园走活化文化遗产的新兴道路，从数字人文视角出发，不断创新如"大运河国家文化公园数字云平台"等"数字化+遗产"的实践方式；长征国家文化公园凭借新一代数字信息技术，打造长征遗产保护的数字网络平台，建设长征文化遗产资源数据库，推动大众更安全地、更全面地享有长征文化遗产；黄河国家文化公园建设数字网络平台，完善黄河文化遗产资源管理，推动黄河文化遗产学术研究，同时在众多非遗传承人的积极响应和帮助下，将文化遗产在互联网上进行线上展示，让非遗走进大众日常生活，借此传承弘扬文化遗产；长江国家文化公园也已规划建设长江国家文化公园官方网站与数字云平台，对历史名人、诗词歌赋、典籍文献等关联信息进行实时展示。

（二）推广智慧展示工程

有别于传统博物馆对文化遗产的展示呈现方式，利用智慧化技术对文化遗产进行展示，既能使文物得到有效保护，又能使呈现效果更加生动。在建设数字网络平台的同时，五大国家文化公园以沿线博物馆、展览馆等为主体，融合AR、VR、MR等科技手段，打造数字博物馆，丰富了文化遗产的展示方式。长城国家文化公园利用数字科技赋能，建设全方位涵盖的智慧旅游体系，以数字化激发长城文化遗产新活力，让长城文物"活"起来；大运河国家文化公园在良好政策环境下，利用数字技术，通过在智慧展示工程上的不断探索实践，最终打造出一批精品工程；长征沿线各地纪念馆、陈列展览馆如贵州长征数字科技艺术馆，致力打造文化遗产智慧展示空间，通过先进技术讲述长征故事；河南省二里头夏都遗址博物馆数字馆等黄河沿线地区利用智慧化技术对文化遗产进行展示，使得文化遗产变得"生动""活跃"起来。

五、教育培训模式

国家文化公园作为直观的、形象的实物遗存，具有巨大的感染力和说服力，是中华文明的宣传阵地，更是开展中华优秀传统文化教育、爱国主义教育、社会主义教育和革命传统教育的重要基地。在教育培训模式探索方面，五大国家文化公园通过开发研学项目、建设研学旅游基地、打造精品教育课程、建设文化教育基地等方式实现文化遗产的教育宣传功能。

（一）打造文化教育基地

五大国家文化公园基于现有博物馆、各类爱国主义教育基地等，打造各具特色的文化教育与研学基地。长城国家文化公园积极利用长城周边各类爱国主义教育基地、红色旅游景区建设长城研学旅行基地，现建有"全国首批研学旅行基地"古北水镇景区、"全国爱国主义教育示范基地"嘉峪关长城博物馆等；大运河国家文化公园涉及的相关省市均出台大运河国家文化公园规划，对建设大运河教育培训基地做出明确要求，以此为大运河遗产的宣传与推广提供平台；长征国家文化公园结合各地区红色文化与党校（行政学院）资源着力打造红色思想文化阵地，建有如广东南岭干部学院、雩都长征学院等干部学院，加大长征文化教育力度；黄河国家文化公园为提高文物科研水平、推进文物人才队伍建设，在"陕西省黄河文化遗产研究中心"成立了人才培养基地，打造人才培养新模式；长江文化公园依托沿线特色文化资源，改造现有设施，打造长江大保护教育基地。

（二）建设精品教育课程与研学线路

以文化教育基地为主体，五大国家文化公园配套建设了精品教育课程与研学线路,用以丰富和完善教育培训体系。长城国家文化公园以长城文化与精神为支撑点,面向不同年龄段学生开发了一系列长城研学实践课程与讲座;大运河国家文化公园以打造系列大运河主题精品教育课程、开办专题培训班等方式保护运河遗产,对大运河历史文化资源进行可持续利用与开发,成功推出"大运河进课堂"等主题活动、大运河文化遗产保护与传承利用专题培训班;长征国家文化公园依托特色红色资源构建长征主题教育培训体系,打造开发了一系列长征精品课程和特色教学线路、现场教学点;黄河国家文化公园以科普创作与传播力度为重点,倾力打造了一批科普精品教育课程,另外,黄河流域内所有博物馆成立了黄河流域博物馆联盟,以发挥博物馆展示、教育功能;长江国家文化公园通过构建长江文化教育体系对长江文化遗产、长江大保护精神进行了展示与传播。

第三节　问题与建议

虽然五大国家文化公园已进行了大量遗产可持续利用模式创新,并取得了一系列成果,但在建设过程中仍然存在诸如资源保护与利用缺乏统筹,各区域各自为政、衔接不足,重开发轻保护,管理体制机制不完善等问题。本节内容将对五大国家文化公园存在的问题进行梳理,并总结相关经验、提出相应建议。

一、长城国家文化公园

(一)主要问题

综合考虑各地的文化背景、发展阶段、社会需求等因素,才能处理好遗产保护及其发展与利用的关系,才能利用现代文明的技术手段进行修复,做好保护、利用和传承工作。长城国家文化公园的建设尚处于起步阶段,在遗产可持续利用方面出现了以下问题。

1. 未做好与其他遗产或资源之间的协调和衔接，失去特色

在保护利用过程中未能做好与非物质文化遗产等资源的协调和衔接，部分地区长城资源的开发利用仅停留在最基础的观光旅游开发，而忽视了与其他旅游资源的协同开发和对周边资源的整合。除了对长城独有的历史遗迹、遗存文化的开发之外，缺乏对周边红色文化、民俗文化、宗教文化以及历史文化名村名镇等多种资源和特色产业的深度挖掘。此外，部分开发商又热衷于把长城固化为八达岭的样子，修复时就按照八达岭来修复，没能做好因地制宜，使其失去了地域特色，严重忽视了文物保护与开发并重的基本原则。

2. 地方各自为政，整体协同不足

长城文化资源保护和开发过程中地方各自为政、整体协同不足问题突出。国家文化公园横跨若干省（区、市），需要打破行政区划限制，实现跨区域文化资源布局和合作。在国家文化公园的建设中，还未建立严格的管理体系，对管辖区域内长城的所有权、管理权和经营权还未进行明确规定，宏观管理协调机制尚未建立，即使已经公布为保护单位的长城段，管理机构也不统一，或没有管理机构。

3. 经济发展与遗产保护之间存在矛盾

长城仍然面临经济发展与遗产保护之间的矛盾，长城的保护利用与地方社会经济发展融入程度不高。在长城的保护上，有的地区重眼前经济利益，在长城保护范围内搞大规模开发，忽视对文物本体和历史风貌的保护，开发时采用的公司化运作模式倾向于将文物部门排除在外，使得文物面临较高的人为破坏风险。有的地区把经济利益作为唯一导向，为了发展旅游经济，在长城景区内投入巨资打造仿古景点、建设旅游配套设施，而忽视长城本体保护。

（二）建议

首先，针对长城文化资源与其他资源融合性较差的问题，应加强区域资源整合协同开发力度。比如尊重周边乡村的既有文化，应以"大文化"带动"小文化"，激发文化的活力，体现村落的魅力，为游客带来获得感的同时，也为周边群众带来收益。此外，"长城村落"的建设要抓住长城文化的核心，在改造过

程中除了要加强长城文化公共活动场所的建造，还要与长城国家文化公园统一建设风格，建立长远的产业发展规划，让长城保护在经济社会发展中发挥更大作用。

其次，针对管理的协同性不足的问题，应明确规定各地管辖区域内长城的所有权、管理权和经营权，借助国家数据资源共享与互动平台系统，建立完善的文物和文化资源数字化管理网络平台，促进从"小旅游"向"大平台""大生态"全面发展，形成体现新时期长城精神的文旅IP平台。

最后，针对保护与利用矛盾较大的问题，应把握好长城文化资源遗产保护和利用之间的关系，即在不影响文化遗产保护的前提下，适度发展相关旅游产业和相关生态产业。在其承载能力之内，合理开发利用，并借助数字化建设为长城国家文化公园高质量发展赋能、增效。利用数字科技创新，让长城文物"活"起来，提升长城文物和文化资源的展示与传播效果。

二、大运河国家文化公园

（一）主要问题

国家文化公园建设作为新时代中国特色社会主义文化建设的全新探索，其概念为全球首创。2019年12月5日，中共中央办公厅、国务院办公厅印发的《长城、大运河、长征国家文化公园建设方案》为国家文化公园的建设提出了科学指引和根本遵循。近年来，相关地方和职能部门在国家文化公园的建设上积极探索、不断开拓创新，在遗产开发与可持续利用方面积累了大量宝贵经验，取得了丰厚成效。但由于发展起步晚，现阶段，国家文化公园在遗产可持续利用方面，还存在诸如公众参与度低、社会普及度和知名度低、规划落实不到位等共性问题。其中，大运河国家文化公园遗产可持续利用还存在风貌原真性保护不足、区域发展不均衡等较为突出的问题。

1. 各地对大运河国家文化公园建设的重视程度不同

在推进大运河国家文化公园建设的过程中，各地由于资源禀赋、财政实力等的差异，对大运河国家文化公园建设的重视程度有所差别，采取的措施差距明显。一些地方仅将沿岸的建筑设施悉数拆除，然后进行场地平整、植树绿化、布设配套设施，便认为完成了某一区段的大运河国家文化公园建设。同时，大运河作为千百年来沿线居民重要的生产生活空间，大拆大建、搬迁运河沿线居民也不利于遗产的保护传承。

2. 对遗产的开发利用流于形式、缺乏新意

至于遗产的开发利用，大多以景观小品或宣传标牌的形式进行——流于形式，表现单一，效果欠缺，缺乏互动，缺乏活化，缺乏新意。这些形式没有很好地深入挖掘区域内相关的各类遗产的文化属性，个别地方的宣传标牌甚至存在套用网络词条，内容不准确的问题，对遗产的可持续发展极为不利。

（二）建议

国家文化公园是中华民族繁荣兴盛的历史见证，是中华民族文化基因和中国特色社会主义文化的优质载体。在推进长城、长征、大运河、黄河、长江国家文化公园建设与相关遗产可持续利用的过程中，我们应逐渐形成保护传承、研究开发、文旅融合、数字再现、教育培训五大可持续利用模式。大运河是具有2500多年历史的活态遗产，依托"河为线，城为珠，珠串线，线带面"的建设思路，使大运河沿线遗产的保护传承利用取得积极成效，协调推进局面初步形成。

首先，针对各地区对大运河国家文化公园重视程度差异较大的问题，应加强组织领导，各级党委、政府切实履行主体责任，认真做好重大任务、重大工程、重大措施的组织实施，对重点工作进行细化分解，并制定出台相关实施方案，坚持划定底线，拒绝各种大拆大建。

其次，针对遗产开发流于形式的问题，应充分挖掘和展示京津、燕赵、齐鲁、中原、淮扬、吴越等六种不同大运河地域文化的特色，以公园为载体，以文化为主题，增强文化自信和对地域文化的认同，实现遗产可持续发展。

由于大运河（尤其是南段）时至今日仍在社会生活中发挥着重要作用，相应的维护与开发利用一直没有停息，其保护、传承工作取得了积极成效，特别是在推进遗产地原真性保护方面的经验值得深入挖掘。综合来看，大运河国家文化公园的建设进度相对其他几个文化公园都要更快一些，它的建设成果

与经验,将会为后续全面推进国家文化公园建设提供宝贵的借鉴。

三、长征国家文化公园

(一)主要问题

对于线性遗产保护虽已经展开了不少有益的探索,但从目前来看,多是从宏观层面提出要对线性遗产进行统一保护和联合开发,少有专门针对某一遗产的理论和实践经验可供参考,加之长征国家文化公园的大空间跨度和红色遗产的特殊性,进行长征资源的开发尚处于摸索阶段。从目前的情况来看,长征国家文化公园的建设还存在些许不足。

1. 对于长征文化资源的挖掘程度尚显不足,且各地区发展存在较大差异

长征沿线部分革命老区地处偏远山区或经济基础较差的乡村地区,道路交通、通信网络等基础设施较为薄弱,人们对革命文物的保护利用意识较差,不少珍贵革命文物和历史遗迹因生产生活遭到破坏,遗留下来的长征文物资源呈现碎片化特点,保护利用程度不高。同时,限于长征沿线地区在经济基础、红色资源禀赋等方面的差异,陕西延安、贵州遵义、湖南韶山、江西瑞金等地长征主题红色旅游在档次和规模上已达到较高的水平,而其余大多数长征遗产地仍处于红色旅游发展的初级阶段,尚未形成连贯的旅游流网络。

2. 地方各自为政,统筹协调体系尚未健全

长征沿途地域广阔,涉及行政区划众多,各地的红色旅游发展存在较大的差异,对文化公园文旅融合发展的战略定位、公园功能布局上亦存在不同认识,缺乏有效地对接和协调沟通平台,易导致在资源利用、产业开发等方面出现"众口难调"的问题。且存在权责分工不明的情况,在实际工作中又存在职权的交叉情况,容易导致交叉管理或管理"真空"的问题出现。

(二)建议

长征国家文化公园作为目前唯一一个以重大历史事件为主题的国家文化公园,其背后所蕴含的长征精神是先辈们留存下来的宝贵遗产,如何进行长征精神的传承和发扬是长征国家文化公园建设中的重大议题,其中的一些做法经验值得借鉴。

首先,针对长征文化资源挖掘力度不够的问题,应构建长征文化研究平台,集不同领域专家之力,深入挖掘长征遗产背后的文化内涵与历史价值,为长征文化的传承与发展奠定了坚实的基础。另外,通过广泛建立红色干部学院、构筑长征教育课程体系,将长征精神融入党员干部的党政教育中,有利于党员干部思想素质的提升,起到引领带动作用。同时,借助各类节事活动,激发人民群众对长征精神传承的积极性和主动性,让长征精神真正深入人民群众,从而提高对革命文物的保护利用意识。

其次,针对统筹协调体系不健全的问题,应建立健全一体化发展机制,深化地方合作机制,构建长征文化资源数字化管理平台,整合各类长征文化资源,将分散的长征文化要素有机整合,实现更好的资源利用。此外,应理顺不同层级、部门、岗位之间的职责边界,确保边界清、职责明、关系顺。

四、黄河国家文化公园

(一)主要问题

1. 顶层设计较弱,区域文化遗产资源调查和认定不充分

在国家层面,针对黄河流域文化遗产保护的总体性政策缺失,顶层设计力度亟须加强。在省区层面,黄河流域文化遗产保护传承和创新发展的力度有待增强,特别是区域文化遗产资源调查和认定的全面性、真实性和完整性有待加强。在学术层面,有关黄河流域文化遗产的保护传承价值较高、学理性和应用性较强的研究成果较少。在实践层面,黄河流域早期聚落遗址考古调查与研究、部分遗址遗迹的保护和维修、文化遗产宣传和展示利用等工作有待进一步完善。

2. 区域文化发展同质化竞争明显,资金投入不足

由于各地文化资源分布及产业发展不平衡,特别是随着文化发展环境的不断优化,各地纷纷出台具体支持性政策,区域文化发展同质化竞争越发明显,不利于黄河流域要素、资源的优化配置和文化市场的发展。以节庆活动为例,

目前黄河流域9省区县级层面以上，以黄河文化旅游为主题的节庆活动就有11项。另外，9省区文化发展资金投入不足，且以财政投入为主。2017年，9省区文化体育传媒经费支出占GDP比重除青海省（1.43%）外，都不足1%，其中四川省、宁夏回族自治区、陕西省和山西省4个省区当年文化体育传媒支出为负增长。

3. 黄河文化遗产保护不到位

由于时代久远、保护意识缺乏、保护措施不到位等方面的原因，有的黄河文化遗址遗迹长期受洪水、地震、风化、冰冻、雨水冲刷等因素的影响而遭到不同程度的破坏。有的文化遗产"建设性破坏"现象比较严重，加上一些地方急功近利，片面追求经济效益，盲目开发，对一些黄河文化遗产本身或生存环境造成严重破坏。比如，有上千年历史的郑州市上街区马固村被整体拆迁，导致一些文化遗产遭到毁灭性破坏。还有的地方在遗址内兴建交通、商业、娱乐和营运等方面的设施，对一些文化遗产或人文环境造成严重污染或直接破坏。此外，文物盗掘和走私活动屡禁不止。由于保护措施不完善，加上一些不法分子利欲熏心，偷盗走私文物的现象依然存在。

4. 地方各自为政，统筹协调体系尚未健全

首先，由于黄河流域各省区经济文化社会发展水平不同、领导重视程度不一，在黄河文化遗产保护、传承和弘扬方面尚缺乏统一协调的规划和行动。有的地方政府重开发、轻保护，重利用、轻管理，加上文物管理、宗教管理、旅游等部门职能各异，使得文化遗产在保护和开发利用上呈现出多重管理或都不管理的乱象。例如，文物局负责文物保护和文物普查与公布工作，文化和旅游局（厅）负责非物质文化遗产的保护、普查与公布工作，而文物与非物质文化遗产均属于文化遗产范畴，由此造成了一系列问题。其次，从总体上看，黄河文化遗产的保护方法和展示方式都还比较单一。无论是博物馆还是一些考古遗址公园，对黄河文化遗产的展示方式仍然是以遗址遗迹和实物及图片为主，有的甚至为保护而保护，将一些文化本该展示和活化的文物锁起来甚至藏起来。

（二）建议

第一，针对区域文化遗产资源调查和认定方面存在的问题，各地可以开展

黄河流域文化遗产资源普查，建立黄河流域整体的文化遗产资源网站，可以参照陕西省非物质文化遗产网·陕西省非物质文化遗产数字博物馆来建立。其中，资源数据库应囊括文化遗产的所有细分类别，包括可移动物质文化遗产、不可移动物质文化遗产、非物质文化遗产及其细分类别。

第二，针对区域文化发展同质化竞争问题，各省应深入挖掘黄河文化内涵，讲好"黄河故事"，营造良好氛围。黄河文化资源丰富，文化和精神价值具有不可替代性，系统梳理和挖掘黄河文化价值，要从中华文明发展成就中系统梳理黄河文化发展脉络、演变过程和发展路径，要从中国发展史中提炼黄河文化的精神价值、思想高地。各省区还应整合各具特色的区域文化亮点，融入黄河沿岸的山水资源，促进文化遗产的连片整体性发展，讲好颇具特色的黄河故事，进一步提升黄河文化遗产的辨识度和竞争力。

第三，针对资金投入不足的问题，各地有关部门应加大财政支持力度，配合制定和完善政策机制，优化社会力量参与环境，鼓励相关部门引导社会资金参与到本土文物保护利用中来，最大释放文物保护利用的潜力和动能。

第四，针对文化遗产保护方面存在的问题，各地可实施黄河文化系统保护工程。实施黄河文化系统保护工程，一要摸清黄河文化遗产家底，适当改扩建和新建一批黄河文化博物馆，系统展示黄河流域历史文化。二要加强濒危遗产的抢救性保护，打造黄河文化遗产保护廊道。三要加强黄河文化遗产整体性连片保护，防止推倒重来的建设性破坏。四要加强黄河文化遗产系统性保护的九省区联动，共同申报黄河世界自然遗产和文化遗产。

第五，针对统筹协调方面存在的问题，应激发各地内生动力，建立健全黄河流域文化保护工作协调机制。协调地方立法，体现黄河流域文化保护立法的整体性、系统性、协同性。加大对黄河流域9省区地方立法，特别是涉及黄河流域文化保护地方立法的备案审查力度，保障立法质量，避免地方保护。同时，还要建立黄河9省区省级政府联席会议工作制度，研究解决重大规划、重大政策、重点项目和年度工作，协调解决跨区域重大问题，深化区域合作。同时，建立跨省区环境资源类案件专门审理机构，加大司法保护力度。

第六，在黄河流域的建设中，应深入对接国家战略，打造具有国际影响力的黄河文化旅游带。《黄河流域生态保护和高质量发展规划纲要》中指出要打造具有国际影响力的黄河文化旅游带。具体来讲，应推动文化和旅游融合发展，把文化旅游产业打造成为支柱产业。强化区域间资源整合和协作，推进全域旅游发展，建设一批展现黄河文化的标志性旅游目的地。发挥上游自然景观多样、生态风光原始、民族文化多彩、地域特色鲜明优势，加强配套基础设施建设，增加高品质旅游服务供给，支持青海、四川、甘肃毗邻地区共建国家生态旅游示范区。中游依托古都、古城、古迹等丰富人文资源，突出地域文化特点和农耕文化特色，打造世界级历史文化旅游目的地。下游发挥好泰山、孔庙等世界著名文化遗产作用，推动弘扬中华优秀传统文化。加大石窟文化保护力度，打造中国特色历史文化标识和"中国石窟"文化品牌。依托陕甘宁革命老区、红军长征路线、西路军西征路线、吕梁山革命根据地、南梁革命根据地、沂蒙革命老区等打造红色旅游走廊。实施黄河流域影视、艺术振兴行动，形成一批富有时代特色的精品力作。

五、长江国家文化公园

（一）主要问题

1. 跨省和跨部门协调机制尚未健全

长江国家文化公园横跨上海、江苏、浙江、安徽、江西、湖北、湖南、重庆、四川、贵州、云南、西藏、青海13个省区市，涉及范围广，权属复杂，跨省和跨部门协调机制尚未健全。各地区政府尚未打破行政壁垒，厘清区域协同合作中"谁来管、管什么、怎么管"的问题。相关部门的力量没有得到有效整合，资源优势没有得到集中发挥，导致集群效益没有充分显示。因此，在缺乏统一的管理机构的情况下，有关管理职能分散。这导致机构设置冗余，机构之间还存在职责不清、交叉重叠管理等现象，既降低了管理效率，又提升了管理成本。

2. 未建立健全立体宣传体制，文化遗产保护意识不强

虽然我国在2017年发布的《关于实施中华优秀传统文化传承发展工程的

意见》中提出要"规划建设一批国家文化公园，成为中华文化重要标识"，并且相继出台了一系列政策，全面勾勒出了我国国家文化公园的建设目标、建设重点、空间格局、管理体制、发展规划等，但由于长江国家文化公园建设时间较短，还没有建立健全立体宣传体制，使得公众对于建设长江国家文化公园的参与度较低。公众还未在思想上完全树立起保护长江国家文化公园沿线文化遗产的主体意识，缺乏文化遗产保护的观念。此外，部分有意愿的公众参与文化遗产保护的渠道尚不通畅。

3. 法律制度不健全

由于国家文化公园法等上位法尚未出台，国家文化公园的范围、管理机构等并无清晰界定，四类主体功能区内的允许、禁止行为要求并不明确。同时，由于长江国家文化公园建设时间较短，暂未出台相关具体法律法规。法律制度的不健全，导致快速推进的国家文化公园建设缺乏明确的法律指引，各地在建设中都是摸着石头过河，多以建项目的方式推进建设，缺乏统一、清晰的定位和建设路径。

4. 遗产保护出现不均衡现象

长江国家文化公园的文化遗产资源空间分布不均衡，受制于区域经济发展差异，导致遗产保护出现不均衡现象。这种不均衡一方面表现为长江流域下游文化遗产保护情况优于中上游地区，另一方面也表现为小区域内的不平衡。在分级管理模式下，不同级别的文物保护状况不一。市级以上文物保存情况较好，而各区县保护情况则较差。基层单位仍面临人才、资金短缺的困境。基层文物保护单位由于人才不足、编制紧缺，造成文物保护工作难以满足需求，基层研究水平较低。由于人员经费短缺，区县级及以下文物经费无法得到保障，加剧了文化遗产保护不均衡的状况。

（二）建议

第一，针对跨省和跨部门协调机制存在的问题，区域间应加强联动，统筹协调系统整合。长江国家文化公园建设涉及国家、省、市、县四级政府，宣传、文旅、文物、发改、自然资源等多个部门，为避免多头管理、各自为政，需要建立多方协同的国家文化公园建设统筹机制，组织各相关部门配合形成合力，加强跨地区跨部门的协同协商，形成上下联动、整体推进的工作合力。应加强资源整合和信息共享，在政策、资金等方面为地方创造条件，形成一批可复制可推广的成果经验，为全面推进国家文化公园建设创造良好条件。

第二，针对公众在保护和建设长江国家文化公园时参与度较低的问题，可积极利用现代科学技术，推进长江国家文化公园数字化建设，从而扩大长江国家文化公园的宣传，进而让更多的公众树立起保护长江国家文化公园沿线文化遗产的主体意识并参与其中。科技的发展能够赋予文化全新的生命力，能够有效地丰富和拓展文化的表现方式和表现内容。我们应借助现代科技对文物和文化遗产资源进行数字化展示，对历史名人、典籍文献等关联信息进行实时展示，打造线上网上空间，建设长江国家文化公园数字化管理平台。数字化方式能够助力文物的保护与保存，我们可以通过科技创新助力中华传统文化传承，用科技赋能文化遗产，丰富艺术的表现形式。

第三，针对保护长江国家文化公园的法律制度不健全的问题，应尽快出台相关法律法规，并协调地方立法，使长江流域文化保护立法具有整体性、系统性、协同性。同时，应加大地方立法的备案审查力度，保障立法质量，避免地方保护。另外，应建立跨省区环境资源类案件专门审理机构，加大司法保护力度。要充分利用遥感、大数据、互联网、移动互联网等技术，加强对公园各主要点段的实时监控，构建完善的"监控—预警—行动"体系，实现对长江国家文化公园的全方位动态监管。

第四，针对遗产保护不均衡的问题，各地应因地制宜，在合理保护的基础上进行良性开发，保护与利用相结合。广泛分布于长江流域的文化遗产，是保护、传承与弘扬长江文化的重要载体。在长江国家文化公园的建设过程中，一定要处理好保护和利用的关系，始终把文物保护放在第一位。坚守"共抓大保护、不搞大开发"的理念，妥善保护文化遗产的真实性、完整性。对重点文物进行修缮、抢救性保护以及预防性保护，严格执行文物保护督察制度，强化各级政府主体责任。一方面要通过对历史文化资源进行标准化规范化的梳理，分级、分类进行保护、传承与利用工作。另一方面应充分发挥现代科技优势，对历史文化遗存进行重塑、重现和活化开发利用。要以长江国家文化公园建设为契机，进一步加大对文化遗产的保护力度，处理好继承传统和创新发展的关系，实现文物保护和有效开发的协同并举。

第五，在长江国家文化公园的建设中，应加强精品线路规划，强化长江国家文化公园的文旅融合。基于资源开发与保护的文化产业与旅游业的互动与共生，可促进区域文化资源整合、文旅产品创新、配套系统提升、文物与文化遗产保护，以及区域一体化开发运营及管理。因此，文旅融合是有效推进长江国家文化公园精细化、系统化和品质化的一种重要手段。我们应针对细分旅游客源市场，设计便利化、多样化、可参与的文化旅游项目及活动。在传承经典的同时要融合现代元素，打造文旅IP，延伸文旅产业链。

后　记

　　建好用好国家文化公园，是推动新时代文化繁荣发展的重大工程。中华民族有五千多年文明史，中华民族伟大复兴需要民族文化的全面复兴，中国式现代化也必然包括优秀传统文化的复兴。本质上，国家文化公园是具有国家意义，文化主题鲜明，有质有形、可触可感的地理空间实体，必然能凝聚民族意志，必然有主题主线，必然是自然与人文的共生载体，必然有很高的研学、教育和旅游体验价值。而国家文化公园中重要的文化遗产，正是承载优秀民族文化价值的关键载体，其文化价值的发挥包括保护与传承、弘扬与创新、传播与推广等多个方面。当前，由国家有关部门统筹推动，相关省份协同发力，包括长城、大运河、长征、黄河、长江五大国家文化公园的建设正在有序推进，如何可持续地利用好其中的文化遗产，是亟需研究的重要命题。

　　为深化对国家文化公园的研究，传扬其文化价值，在中宣部、文化和旅游部指导下，中国出版集团研究出版社和北京第二外国语学院合作，组织开展了国家文化公园系列著作的撰写工作。本书即是其中的成果之一。本书以国家文化公园遗产可持续利用为研究主题，围绕文旅融合，突出动态保护、活态传承、创新传播和持续发展，从基本现状、类型特点、经验借鉴、指导思想、主要模式、典型业态、经典案例、创新发展等核心问题着手，初步构建了符合中国实际的国家文化公园遗产可持续利用的研究框架。

　　在本书撰写、出版过程中，我们得到了中国出版集团研究出版社、北京第二外国语学院的大力支持。在大纲研列阶段，两个单位的相关领导和专家就集中会审，三次提出修改意见加以完善。内容撰写工作主要由北京第二外国语学院旅游科学学院承担，校科研处在组织、联络和经费方面给予了全力支持。旅游科学学院领导高度重视些任务，召集了在这一领域有较好研究积累的专业教师吕宁、冯凌、唐承财、王金伟、秦静、王露、刘春组成专班，并多次研讨成稿。初稿形成后，北京第二外国语学院领导和文旅学科负责人五次召开专题会议研讨，并邀请中国出版集团研究出版社相关领导和专家审读，不断对书稿进行打磨。在出版过程中，研究出版社的老师又加进行了严谨地修订。可以说，本书凝聚了集体的智慧，在此对参与和关心本书研究、撰写和出版的各位领导、专家表示衷心的感谢。

本书撰写组

2024年3月于北二外